Paolo Nanetti

Lack für Einsteiger

4., überarbeitete Auflage

Paolo Nanetti: Lack für Einsteiger

ISBN: 978-3-86630-881-7

Umschlagsbild: Dr. A. Schoch AG, Burgdorf, Schweiz

Bibliographische Information der Deutschen Bibliothek
Die Deutsche Bibliothek verzeichnet diese Publikation in der Deutschen Nationalbibliographie; detaillierte bibliographische Daten sind im Internet über http://dnb.ddb.de abrufbar.

Paolo Nanetti
Lack für Einsteiger
4., überarbeitete Auflage
Hannover: Vincentz Network, 2013
FARBE UND LACK EDITION
ISBN 3-86630-881-7
ISBN 978-3-86630-881-7

Das Verlagsverzeichnis schickt Ihnen gern:
Vincentz Network, Plathnerstr. 4c, 30175 Hannover, Germany
Tel. +49 511 9910-033, Fax +49 511 9910-029
E-mail: buecher@farbeundlack.de, www.farbeundlack.de

Satz: Vincentz Network, Hannover, Germany
Druck: Printed by Quensen Druck + Verlag GmbH &Co. KG, Hildesheim, Germany

ISBN 3-86630-881-7
ISBN 978-3-86630-881-7

Farbe und Lack Edition

Paolo Nanetti

Lack für Einsteiger

4., überarbeitete Auflage

Paolo Nanetti: Lack für Einsteiger

ISBN: 978-3-86630-881-7

Lieber Herr Nanetti,

Gerne haben wir 15 Jahre auf die überarbeitete Neuauflage des Fachbuches "Lack für Einsteiger" gewartet. Nun ist es soweit! Wir bedanken uns bei Ihnen dafür, dass Sie sich die Mühe gemacht haben, uns eine aktualisierte Version des Nachschlagewerkes zur Verfügung zu stellen.

Es ist uns und sicher auch vielen Lacklaboranten, Technikern und Ingenieuren eine Erinnerung an Ihre Person, den kompetenten Lackexperten und auch Ratgeber Paolo Nanetti.
Bitte genießen Sie Ihren verdienten Ruhestand.

Die Mitarbeiter von
CöllnCoat und der Purpur Lab GmbH.

Labordienstleistungen unter www.CoellnCoat.de
Ihr Partner für die Farbe im Lack: www.PurpurLab.de

Inhaltsverzeichnis

Paolo Nanetti: Lack für Einsteiger

ISBN: 978-3-86630-881-7

Auf ein Wort

Lacktechnologie wird aufgrund ihrer Vielseitigkeit und Komplexität als ein Betätigungsfeld für Spezialisten erachtet: Das Auswählen geeigneter Lackkomponenten aus dem unüberschaubar großen Rohstoff-Angebot der Chemie und deren geschicktes Zusammenführen zur stabilen „Mischung" eines Lackrezeptes erfordern nicht nur umfangreiche chemische und physikalische Kenntnisse, sondern in der Regel auch viel Erfahrung.

Es ist gar nicht so lange her, dass die Lackentwicklung überwiegend von Einzelgängern beherrscht wurde, die ihre in jahrelanger Kleinarbeit entstandenen Lackrezepturen wie persönliche Geheimnisse gehütet haben. Im Zuge der rasanten, vielfach arbeitsmedizinisch- und umweltbedingten Fortschritte, haben sich auch in der Lackforschung längst wissenschaftliche, systematische und transparente Arbeitsstrukturen etabliert. Außerdem zwingen die heutigen Vorstellungen vom Qualitäts-Management zu einer ständigen Verbesserung der Prozessabläufe im gesamten Bereich der Lacktechnologie. Dies wäre sicherlich ohne bestimmte Grundkenntnisse aller Beteiligten, nicht zu realisieren.

Ziel dieses Buches ist es, den nicht lacktechnisch ausgebildeten bzw. in einer Ausbildung befindlichen Interessenten ein breites und leicht verständliches Basiswissen über die wichtigsten Bereiche der Lacktechnologie zu vermitteln. Dies gilt insbesondere für Mitarbeiter der Lackindustrie, die in der Entwicklung, in der Fertigung bzw. in der Produktbetreuung von Beschichtungsstoffen beschäftigt sind, aber natürlich auch für andere, die über Lack gut Bescheid wissen müssen oder wollen, z.B. im kaufmännischen Sektor, oder in der Werbung. Das Buch versucht, ihnen allen auf möglichst übersichtliche Weise, grundlegende Zusammenhänge zwischen Rezeptstrukturen, Herstellungsverfahren und Fertigungsparametern auf

Paolo Nanetti: Lack für Einsteiger

ISBN: 978-3-86630-881-7

der einen Seite und Lackqualität bzw. Lackstabilität auf der anderen Seite zu erläutern.

Diese wichtigen Kernbereiche gehen auf die jahrelangen Erfahrungen zurück, die ich im Laufe der bei Herberts bzw. DuPont Performance Coatings regelmäßig durchgeführten „Lackgrundschulung“ sammeln konnte. Ein wesentlicher Aspekt dieser Schulung, die überwiegend von Produktionsmitarbeitern und Auszubildenden zu Beginn der Ausbildung besucht wurde, war auf die Vermeidung von Fehlern ausgerichtet; sie bildete somit eine erste solide Grundlage zum qualitätsbewussten Arbeiten.

Darüber hinaus liefert das Buch ausgiebige Informationen über die Prüfung, die Applikation und die Anwendung von Beschichtungsstoffen bzw. Beschichtungssystemen. Besonders interessant dürfte für den Leser das Kapitel „Lack und Umwelt“ sein, wo neben einer umfassenden Beschreibung der modernsten Lacktechnologien, die überwiegend unter Berücksichtigung physiologischer und umwelttechnischer Aspekte entwickelt wurden, auch Hinweise auf zukünftige Trends zu finden sind.

An dieser Stelle möchte ich dem Leser wünschen, dass ihm dieses Buch nicht nur den Einstieg in die faszinierende und äußerst vielseitige Welt des Lackes erleichtert, sondern dass es auch Impulse vermitteln möge, darüber noch mehr erfahren zu wollen.

Zülpich, im Januar 2013

Paolo Nanetti

Bezugsquellen für ausgewählte Rohstoffe finden Sie auf Seite 215

1 Was ist „Lack“?

1.1 Allgemeines

Das Wort „Lack“ stammt aus dem altindischen Laksa und ist geschichtlich mit der Aufzucht und Nutzung des „Lackbaumes“ durch die Chinesen ab dem zweiten Jahrtausend v. Chr. verbunden. Dieser Baum lieferte einen firnisähnlichen Saft, der langsam an der Luft härtete und, für die damaligen Ansprüche, recht widerstandsfähige Filme bildete. Der Firnis des Lackbaumes wurde meistens mit natürlichen Farbstoffen oder Pigmenten eingefärbt und, als Schutz und zur Verschönerung, auf Gegenstände und Bauwerke aufgetragen.

Auch im modernen Sprachgebrauch drückt der Begriff „Lack“ grundsätzlich nur eine äußere, sichtbare Schutzschicht aus und deckt somit nicht alle Varianten der oberflächenschützenden organischen Überzüge. Entgegen verbreiteter Praxis sollte man also das Wort „Lack“ nicht als Sammelbegriff für Beschichtungen jedweder Art verwenden, sondern hierfür, entsprechend der Definition in der DIN 55 945, die allgemeine Bezeichnung Beschichtungsstoffe benutzen. Die **Beschichtungsstoffe** und die aus ihnen zusammengesetzten, mehrschichtigen **Beschichtungssysteme** müssen vielfältige Aufgaben erfüllen.

Dekorative Funktion

Die sicher auffälligste dieser Aufgaben ist die **Verschönerung** von Gegenständen. Diesbezüglich werden an den Lack immer höhere Anforderungen gestellt, da in unserer modernen Industriegesellschaft, geprägt vom immer schärfer werdenden Wettbewerb und vom zunehmenden Kundenindividualismus, ein ansprechendes Aussehen der Produkte zum entscheidenden Verkaufsargument geworden ist.

Hierbei genügt es für viele hochwertige Produkte, wie im Automobil- und Einrichtungsbereich, längst nicht mehr, eine „bunte“ Farbtonpalette anzubieten. Unser verwöhntes Auge muss ständig durch neue Reize aktiviert werden, wenn ein Produkt auffallen soll. So bevorzugen die Designer

Paolo Nanetti: Lack für Einsteiger

ISBN: 978-3-86630-881-7

zunehmend Farbtöne, welche so genannte Effektpigmente enthalten (Alu-Pigmente, Perlglanzpigmente, Flüssigkristalle, Graphitplättchen usw.), aus denen komplexe und vielseitige, ästhetische Wechselwirkungen hervorgehen. Die geforderten Farbtöne in entsprechender Qualität und Reproduzierbarkeit zu liefern, ist der technologisch schwierigste und aufwendigste Schritt des Lackherstellungsprozesses.

Schutzfunktion

Neben der Funktion, Produkte zu verschönern, haben Beschichtungsstoffe meistens die noch wichtigere Aufgabe, den dauerhaften Schutz von Gegenständen zu gewährleisten. Dem Werterhaltungsaspekt fällt eine schier unermessliche volkswirtschaftliche Bedeutung zu. Ohne schützende Überzüge würden viele Gebrauchsgegenstände mit hohen Investitionskosten, vor allem solche aus Metallen, aber auch Bauwerke und Holzkonstruktionen, schon in kurzer Zeit durch Korrosion bzw. Verwitterung oder biologischen Abbau unbrauchbar werden. Optimal erfüllen lässt sich die Schutzaufgabe in der Regel mit Mehrschichtsystemen, von denen später ausführlicher die Rede sein wird. Die Funktion der Beschichtungsstoffe bzw. -systeme erschöpft sich jedoch nicht nur im Erfüllen der erwähnten Aufgaben.

Spezialfunktionen

Je nach Anforderungsprofil müssen Beschichtungsstoffe auch ganz andere technologische Eigenschaften aufweisen.

Elektroisolierlacke beispielsweise bilden isolierende Hüllen um elektrische Leiter, mit **Leitlacken** dagegen lassen sich elektrisch leitfähige Schichten erzeugen, **Brandschutzsysteme** erschweren die Entflammbarkeit von Materialien und verzögern somit die Brandausbreitung, **Straßenmarkierungsfarben** leiten mit ihrer Signalwirkung die Verkehrsteilnehmer durch das Straßennetz, **Fußbodenlacke** erhöhen die Bodengriffigkeit und setzen die Rutschgefahr herab – vielfach ermöglichen sie auch die Dekontaminierung, z.B. in Krankenhäusern und Kernkraftwerken – moderne **Tarnfarben** schließlich machen Militäreinrichtungen nicht nur für das bloße Auge, sondern auch für die UV- bzw. IR-Fotografie unsichtbar. Man könnte noch unzählige Beispiele anführen, das überschritte jedoch den Umfang dieses Buches.

1.2 Einteilung der Beschichtungsstoffe

Die Einteilung der Beschichtungsstoffe kann nach sehr unterschiedlichen Merkmalen erfolgen. Welchen Kriterien man hierbei den Vorzug gibt, hängt meistens vom Betrachtungswinkel bzw. von der Schwerpunktsetzung der Menschen ab, die mit dem Lack umgehen.

Einen Kunden im Handwerksmarkt wird es z.B. eher interessieren zu wissen, ob er gerade einen Auto- oder einen Malerlack vor sich hat, als zu erfahren, ob es ein Alkydharz- oder ein Acryllack ist. Für einen Lackentwickler dürften wiederum solche Informationen über die chemische Zusammensetzung des Lackmaterials wichtiger sein. Ein Anwendungstechniker wird schließlich mehr Wert darauf legen, zu erfahren, ob ein Beschichtungsstoff z.B. elektrostatisch verspritzbar oder ein Airless-Lack ist (s. Applikationsverfahren, S. 156).

Die wichtigsten Einteilungskriterien für Beschichtungsstoffe sind:

a) **Art des Filmbildners**
Alkydharzlacke, Nitro-Kombi-Lacke, 2-Komponenten-Polyurethanlacke, Acryllacke usw.

b) **Umweltverträglichkeit**
Wasserlacke, Pulverlacke, High-Solid-Systeme, usw.

c) **Applikationsweise**
Gießlacke, Tauchlacke, Druckluft- und Elektrostatik-Spritzlacke, Airless-Lacke, Elektrotauchlacke, Coil-Coating-Systeme usw.

d) **Art der Trocknung**
Physikalisch trocknende Beschichtungsstoffe, oxidativ härtende Lacke, Einbrennlacke, strahlenhärtbare Systeme, lufttrocknende Lacke usw.

e) **Funktion im Mehrschichtaufbau**
Primer, Spachtel, Füller, Grundierung, Decklack, Metallic-Basis-Lack, Überzugslack usw.

f) **Verwendungszweck (Abbildung 1)**
Auto-, Holz-, Maler-, Boots-, Möbellacke, Brandschutzsysteme, Fassadenfarben, Rostschutzsysteme usw.

g) **Filmeigenschaften**
Mattlacke, Klarlacke, Elektroisolierlacke, Effekt-Lacke, Gleitlacke usw.

Zum Abschluss bleibt zu erwähnen, dass die in der Baubranche üblichen Beschichtungsstoffe auf Basis wässriger Dispersionen nicht **„Lacke“**, sondern **„Farben“** genannt werden. So gelten hier Begriffe wie Dispersionsfarben, Fassadenfarben, Innenwandfarben u.a.m. Der Begriff Farbe findet

Abbildung 1: Universeller Lackeinsatz

zwar auch im Druckbereich breite Verwendung, doch werden Druckfarben nicht unmittelbar zu den Beschichtungsstoffen gezählt.

1.3 Aufbau von Beschichtungssystemen

Die Zahl der Anforderungen, die an Lacküberzüge gestellt werden, ist oft so groß, dass es kaum gelingt, sie mit einem einzigen Beschichtungsstoff ausreichend zu erfüllen. In der Tat sind **Einschichtsysteme** in der Lackiertechnik eher eine Seltenheit. Erst das Zusammenspiel verschiedener Beschichtungsstoffe in **mehrlagigen Beschichtungssystemen** ermöglicht eine ausgewogene Kombination aller geforderten technologischen Eigenschaften. Hierbei besteht eine klare Arbeitsteilung unter den zum Lackaufbau verwendeten Beschichtungsstoffen, wie Abbildung 2 am Beispiel einer Metallic-Autoreparaturlackierung zeigt.

Es folgt eine technologische Beschreibung der am häufigsten für Mehrschichtsysteme herangezogenen Beschichtungsstoffe.

Grundierung

Primer (Haftgrundierungen) bilden in der Regel, falls sie benötigt werden, die erste Schicht eines Lackaufbaus. Sie sollen eine ausreichende

Haftung für die nachfolgenden Schichten - auch auf schwierigen Untergründen - gewährleisten. Hierzu gehören in erster Linie Aluminium und Alu-Legierungen, verzinkter Stahl, Buntmetalle wie Kupfer und Messing, aber auch viele Kunststoffe.

Viele Primer für Metalluntergründe trägt man in sehr dünnen Schichten durch Spritzen auf, weshalb sie oft auch **Wash-Primer** genannt werden. Ihre hervorragende haftungsvermittelnde Wirkung beruht darauf, dass sie mit dem Metall eine chemische Verbindung eingehen, u.a. durch Mitwirkung von Phosphorsäure. Je nachdem, ob die Phosphorsäurelösung kurz vorm Verarbeiten zugemischt wird oder bereits im Primer enthalten ist, spricht man von **2-Komponenten**- oder von **Einkomponenten-Primer**.

Große Bedeutung haben auch Metallprimer, z.B. für die Bandlackierung (Coil-Coating); ihre Wirkung beruht vor allem auf den Korrosionsschutzpigmenten, neuerdings in der Regel Zinkphosphat (s. Grundierungen, S. 18). Der Vollständigkeit halber sei erwähnt, dass im handwerklichen Sprachgebrauch der Begriff Primer oft auch für Metallgrundierungen verwendet wird, wenn sie die erste Schicht im Lackaufbau bilden.

Kunststoff-Primer entfalten ihre Wirkung über rein physikalische Anziehungskräfte, ähnlich wie die Klebstoffe. Diese als **„Adhäsionskräfte“** bekannten Wechselwirkungen zwischen unterschiedlichen Stoffen hängen unmittelbar mit deren mehr oder weniger ausgeprägten Polarität zusammen, wovon später ausführlicher die Rede sein wird.

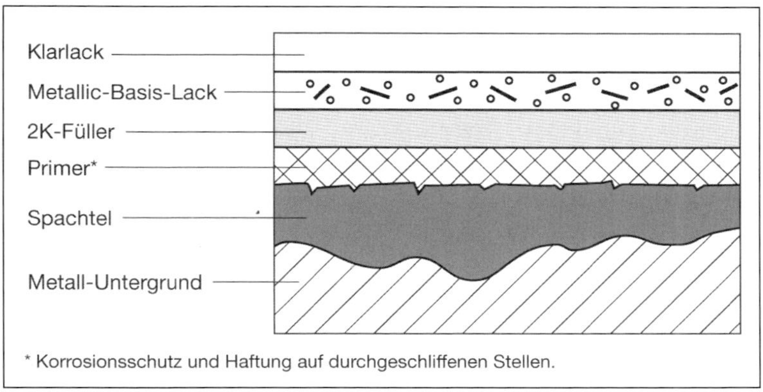

Abbildung 2: Schematischer Aufbau eines Beschichtungssystems am Beispiel einer Metallic-Autoreparatur-Lackierung

Im Primer enthaltene Lösemittel vermögen oft durch gezieltes Anlösen des Kunststoffuntergrundes den Adhäsionsvorgang zu unterstützen, was mit einer Erhöhung der Oberflächenrauhigkeit und somit der Griffigkeit einhergeht. Wichtige Kunststoff-Primer basieren auf 2K-Polyurethanen oder auf wässrigen Polyurethan-Dispersionen.

Einlassgründe haben bei mineralischen Untergründen (Mauerwerk, verputzte Wände usw.) eine ähnliche Funktion wie die Primer bei Metall oder Kunststoff. Sie gewährleisten die Haftung von Dispersionsfarben durch Verfestigung von sandendem Mörtel oder von tot geriebenem Putz. Zusätzlich reduzieren sie die Saugfähigkeit des Untergrundes und steigern somit die Ergiebigkeit der Dispersionsfarbe. Es existieren sowohl **lösemittelhaltige** als auch **wasserverdünnbare Einlassgründe**.

Spachtel

Spachtel dienen dazu, grobe Unebenheiten des Untergrundes auszugleichen. Sie spielen eine große Rolle im Autoreparaturbereich, im Großfahrzeugbau und bei der Holzlackierung. Führend sind zweifelsohne die **UP-Spachtel** (UP=ungesättigter Polyester), aber auch **Dispersions-, Nitro- und Alkydharzspachtel** sind von Bedeutung. Spachtel enthalten große Füllstoffmengen. Aus den Füllstoffpartikeln entsteht im flüssigen Material ein tragendes Gerüst; es verhindert, dass die Spachtelmasse abfließt und dass sich Untergrundunebenheiten an der Oberfläche der Spachtelschicht markieren.

Dank ihrer „buttrigen“ Konsistenz lassen sich Spachtel mit speziellen, klingenförmigen Werkzeugen (Spachtelmesser) aufziehen, sie behalten dabei die ihnen gegebene Form. Sind die auszugleichenden Unebenheiten besonders groß oder handelt es sich dabei sogar um Risse und Löcher, dann genügt die Elastizität gewöhnlicher Spachtel in der Regel nicht, um langfristig Haftung zu garantieren. In solchen Fällen wird vielfach als hochflexible Grundschicht ein **glasfaserarmierter UP-Spachtel** vorgeschaltet.

Nach der Aushärtung muss die Spachteloberfläche durch Schleifen der umliegenden Objektoberfläche angeglichen werden. Es ist deshalb wichtig, dass die verwendeten Füllstoffe keinen zu hohen Schleifwiderstand aufweisen. Hier spielt Talkum, der weichste aller Füllstoffe (Härtegrad nach Mohs = 1), naturgemäß eine führende Rolle.

Füller

Füller haben die Aufgabe, kleine Unebenheiten des Untergrundes „auszufüllen“, wie ihre Bezeichnung eindeutig erkennen lässt. Bei diesen Unebenheiten kann es sich zum einen um die natürliche Struktur oder Porosität des Untergrundes handeln (z.B. bei Holz), sie können aber auch Folge einer Vorbehandlung sein (z.B. Sandstrahlspuren, Schleifriefen, poröse Spachtelschicht usw.).

Wie im Spachtel gibt es Füllstoffe als Gerüstbildner - allerdings mit geringerem Anteil - auch in Füllern. Sie bewahren sich dadurch, im Gegensatz zu den Spachteln, eine mehr oder weniger ausgeprägte Fließfähigkeit. Füller werden in der Regel gespritzt. Wenn sie in relativ dicken Schichten (bis zu einigen Hundert Mikrometern) appliziert werden, wie z.B. bei UP-Füllern im Autoreparaturbereich üblich, nennt man sie oft auch **Spritzspachtel**.

Verarbeitungsart und Anforderungen an die Oberflächenqualität der Füllerschicht können recht unterschiedlich sein. Man unterscheidet i.A. zwischen **Schleiffüllern, Nass-in-Nass-Füllern** und **Einbrennfüllern**. Bei den Füllern, die geschliffen werden müssen (z.B. Autoreparaturfüller), stehen erwartungsgemäß die Schleifeigenschaften und der Lackstand auf der geschliffenen Füller-Schicht im Vordergrund. Nass-in-Nass-Füller werden nicht geschliffen, vielmehr - nach einer Zwischentrocknung - direkt mit Decklack überspritzt. Die Einbrennfüller werden in der Regel nur nach Bedarf geschliffen, etwa um defekte Stellen, kleine Läufer oder Pickel zu beseitigen. Notwendig ist solches Vorgehen bei jenen industriellen Lackierverfahren, in denen aus Zeit- und Kostengründen ein großflächiges Schleifen nicht in Frage kommt - in erster Linie bei der Autoserienlackierung.

Nass-in-Nass-Füller, sowie Einbrennfüller müssen in der Regel sehr hohe Anforderungen bezüglich Verlauf und Oberflächenqualität erfüllen. Zudem darf die Füllerschicht, trotz mangelnder Rauhigkeit durch den fehlenden Schleifvorgang, keine Schwächen in der Zwischenhaftung zum Decklack zeigen. Auto- und Industriefüller werden zunehmend „farbig" gestaltet, vor allem bei ihrer Kombination mit teuren Decklacken. Bei diesen lässt sich dann nämlich ausreichendes Deckvermögen auch mit niedrigeren Schichtdicken erzielen. Von großer Wichtigkeit ist das z.B. bei roten und gelben, - wie heutzutage angestrebt - **bleifrei pigmentierten Farbtönen**, die überwiegend einerseits sehr teure, zum anderen aber nur schlecht deckende organische Pigmente enthalten.

Besondere Erwähnung verdienen die mit zunehmendem Erfolg im Autoserienbereich eingesetzten **wasserverdünnbaren Füller (Hydrofüller)**, die - in Kombination mit den ebenfalls wasserhaltigen Elektrotauchgrundierungen - eine bedeutende Reduzierung der Lösemittelemission ermöglichen (s. „Lack und Umwelt“, S. 120). Von der Bindemittelseite her betrachtet, spielen im Füllerbereich UP-Polyester, Einbrenn- und 2-Komponenten-Acrylate nebst Nitro-Kombi-Systemen und speziellen wässrigen Dispersionen die Hauptrolle.

Vorlackeinsatz

Im Malerlackbereich übernehmen oxidativ härtende **Vorlacke** weitgehend die Füllerfunktion. Diese Materialien enthalten weniger Füllstoffe als herkömmliche Füller und werden mittels Pinsel oder Rolle aufgetragen. Nach der Trocknung schleift man sie in der Regel vorsichtig an, bevor die Decklackschicht appliziert wird. Da das Füllvermögen der Vorlacke nicht sehr hoch ist, muss der Untergrund gegebenenfalls vorher mit Malerspachtel dünn abgezogen werden.

Auf Holzuntergründen schaltet man allerdings oft auch so genannte **Ventilationsgrundierungen** vor. Damit lassen sich zunächst einmal Unebenheiten der Holzoberfläche kompensieren. Außerdem erlauben sie einen Feuchtigkeitausgleich zwischen dem Inneren des Holzes und der Atmosphäre, ohne dass Ablösungseffekte der Beschichtung eintreten. Dies ist besonders wichtig bei nicht optimal abgelagertem Holz.

Korrosionsschutz

Grundierungen sind in Beschichtungssystemen auf metallischem Untergrund für den Korrosionsschutz des Metalls verantwortlich. Dieser Schutz beruht auf chemischen Passivierungsmechanismen am Untergrund (ähnlich wie beim Phosphatieren) bzw. auf elektrochemischen Vorgängen, die von speziellen, in der Grundierung enthaltenen **Korrosionsschutzpigmenten** ausgehen. Mit geschickt zusammengestellten Füllstoffpackungen lässt sich die Wirkung der Korrosionsschutzpigmente unterstützen, und zwar im so genannten **Barriere-Effekt**. Darunter versteht man die künstliche Diffusionswegverlängerung für die korrosiven Agenzien, wie etwa Wasser oder Säuren, durch plättchenförmige Füllstoffe.

Dieser Mechanismus ist schematisch in Abbildung 3 dargestellt. Man kann klar erkennen, dass die plättchenförmigen Füllstoffe sich dachziegelähnlich anordnen und die Korrosionsagenzien dadurch in einen Zick-Zack-Kurs zwingen, so dass deren Angriffszeitpunkt hinausgezögert wird.

Die wichtigsten Korrosionsschutzpigmente der modernen Lacktechnologie sind **Zinkphosphat** für den industriellen Korrosionsschutz (u.a. am Auto) und **Zinkstaub** für den Korrosionsschutz von Großobjekten, wie Industrieanlagen, Brücken, Schiffen usw. (schwerer Korrosionsschutz). Früher

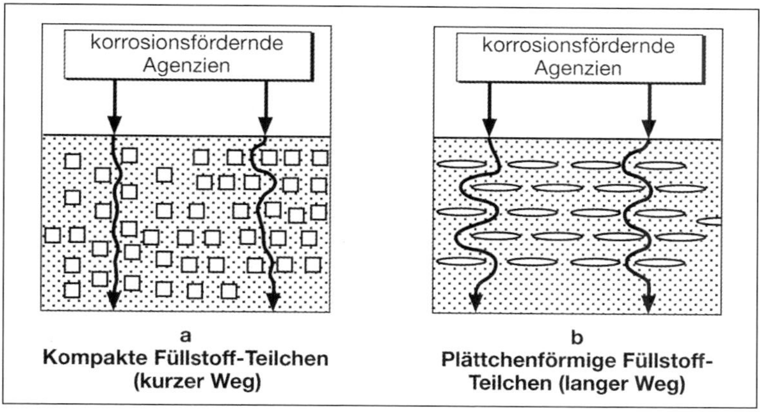

Abbildung 3: Barriere-Effekt von Füllstoffen

weit verbreitete Korrosionsschutzpigmente mit hervorragender Wirkung, wie Zinkchromat oder Bleimennige, werden heute wegen ihrer krebserzeugenden Eigenschaften bzw. Giftigkeit immer weniger verwendet.

Grundierlackkonzepte

Die Filmbildnerpalette für Grundierungen ist recht breit, sie reicht von den Alkydharzen über Kautschuk-Derivate bis hin zu verschiedenen 2-Komponenten- und Einbrennsystemen. Im schweren Korrosionsschutz allerdings nehmen Epoxidharze eine Spitzenstellung ein.

Als besonders umweltfreundliche Alternative haben sich die wasserverdünnbaren **Elektrotauchgrundierungen** schon seit Jahren – vor allem in der Autoserienlackierung – etabliert und sie erobern sich immer neue Anwendungsbereiche (s. auch „Lack und Umwelt“, S. 129).

Grundierungen werden in der Regel als erste Schicht auf den blanken oder durch Phosphatierung bzw. Chromatierung vorbehandelten Metalluntergrund aufgetragen. Bei Reparaturlackierungen nimmt man Grundiermaterialien jedoch auch zum „Isolieren“ durchgeschliffener Spachtel- und Füllerschichten. Es sei ergänzend erwähnt, dass in Beschichtungssystemen für nicht metallische Untergründe der Begriff „Grundierung“ oft stellvertretend für „Füller“ verwendet wird.

Bei **Grundierfüllern** sind in einem Material die Füll- und Korrosionsschutzaufgaben kombiniert, es handelt sich somit um Zwitter aus Füller und Grundierung. Ihr Einsatz bietet sich an, wenn die Schichtanzahl eines Beschichtungssystems reduziert werden soll, um Arbeitsgänge zu sparen.

Einschichtlacke

Unpigmentierte Einschicht-Lacke (Klarlacke) werden üblicherweise als alleiniger Überzug direkt auf dem Untergrund aufgetragen. Dies geschieht, wenn die Struktur des Untergrundes sichtbar bleiben soll (z.B. bei transparenten Holzlacken) oder wenn die Klarlack-Schicht alle geforderten technologischen Eigenschaften allein aufweist (z.B. bei Elektroisolierlacken, Innendosenlacken usw.).

Lasierende Einschicht-Lacke (Lasuren) sind zwar pigmentiert, jedoch nur mit transparenten Pigmenten, die ein Durchscheinen des Untergrundes ermöglichen. Sie spielen vor allem in der **Holzlackierung** eine große Rolle.

Dem Lasuranstrich fällt auf der einen Seite die wichtige Aufgabe zu, den Farbton des Holzes so zu modifizieren, dass er einer bestimmten Holzart praktisch gleicht (Kastanienholz, Ebenholz usw.). Auf der anderen Seite sorgt die Lasur für einen wirksamen **Lichtschutz** des Untergrundes, weil die transparenten Pigmente, durchweg Eisenoxide und Ruße, ein hohes Absorptionsvermögen für aggressive UV-Strahlen besitzen. Diese Schutzwirkung wird mit Lichtschutzmitteln zusätzlich verstärkt. Die herkömmlichen Holzlasuren basieren auf oxidativ härtenden Alkydharzen. Zunehmende Bedeutung erlangten inzwischen auch umweltfreundliche, wasserverdünnbare Acrylate.

Einschicht-Decklacke können sowohl als alleinige Überzüge direkt auf dem Untergrund zur Anwendung kommen (Außendosenlackierung, Weihnachtsschmuck usw.), als auch die **Schlussschicht** eines Beschichtungssystems bilden, wobei diese zweite Möglichkeit wesentlich häufiger vorkommt. Wie ihre Bezeichnung ausdrückt, kaschieren Decklacke den Untergrund vollständig, so dass dessen optische Eigenschaften keine Rolle mehr spielen. Der Decklack übernimmt also die **dekorative Funktion** im gesamten Lackaufbau. Er muss zu diesem Zweck mit deckenden, also nicht transparenten Pigmenten ausgestattet sein. In der Regel zieht man für Einschicht-Decklacke so genannte **Uni-Farbtöne** vor, das heißt solche, die keine Effekt-Pigmente enthalten (s. Pigmente, S. 56).

Einschicht-Metallics oder -Pearls finden nur dort Anwendung, wo keine hohen Anforderungen an die Brillanz, an den Glanz und an die Wetterbeständigkeit der Lackierung gestellt werden. Diese qualitativen Einschränkungen lassen sich folgendermaßen erklären. In den relativ dick applizierten und langsam trocknenden Einschicht-Lacken kann es zu Wirbelströmungen kommen, von denen die plättchenförmigen Effektpigmente aus der optimalen horizontalen Lage herausgerissen würden, so dass die Effektbildung sehr darunter litte. Außerdem erscheinen Glanz und Wetterbeständigkeit beeinträchtigt durch die aus der Lackoberfläche herausragenden Ecken und Kanten der Effektpigmentpartikel, mit anderen Worten, die Plättchen sind dort praktisch ohne Schutz. Dies ist der Grund, weshalb hochwertige Metallics fast ausschließlich als Zweischicht-Systeme verarbeitet werden.

Decklackkonzepte

Neben dem **Farbton** beeinflussen auch die **Oberflächenbeschaffenheit** und der **Glanzgrad** die optische Wirkung der Decklacke ganz entscheidend. So gilt ein guter Verlauf des Decklackes als unabdingbare Voraussetzung für eine einwandfrei glatte Oberfläche. Nicht immer ist aber eine solche Oberfläche erwünscht. Es kommen, vor allem im industriellen Bereich, manchmal auch so genannte **Strukturlacke** (z.B. Hammerschlaglacke) zur Anwendung, bei denen man - über die Lackrezeptur - „Oberflächenstörungen" gezielt hervorruft.

Bezüglich des Glanzgrades unterscheidet man zwischen hochglänzenden, glänzenden, seidenglänzenden, seidenmatten und matten Decklacken. Die Glanzeinstellung kann entweder durch Füllstoffzusatz oder, bei höheren Gleichmäßigkeitsansprüchen, durch Verwendung von Mattierungsmitteln erreicht werden (s. S. 43).

Neben ihren optischen Funktionen übernehmen die Decklacke den **mechanischen** und **chemischen Schutz** des darunter liegenden Schichtaufbaus, sie sind somit maßgebend für so wichtige Qualitätsmerkmale wie Kratzfestigkeit, Wetter- u. Lichtbeständigkeit, Chemikalien- u. Lösemittelbeständigkeit. Zur Rezeptierung von Einschicht-Decklacken eignen sich fast alle Filmbildnertypen. Entscheidend für ihre Auswahl ist allerdings das Anforderungsprofil der jeweiligen Beschichtung.

Zweischicht-Decklacke werden hauptsächlich im **Metallic-Bereich** verwendet. Realisieren lässt sich damit eine Kombination von optimaler Effekt-Bildung und hochwertigem Oberflächen-, Licht- und Wetterschutz. Wir haben bereits gesehen, das dieses Ziel mit einem Einschicht-System kaum zu erreichen ist. So beruhen praktisch alle Metallic-Farbtöne für die Automobil-Industrie und die Autoreparatur auf dem Zweischicht-Prinzip.

Zweischicht-Decklacke bestehen aus einem **Basis-Lack** (Base-Coat) und einem **Überzugslack** (Clear-Coat). Der Basislack übernimmt die Effekt-

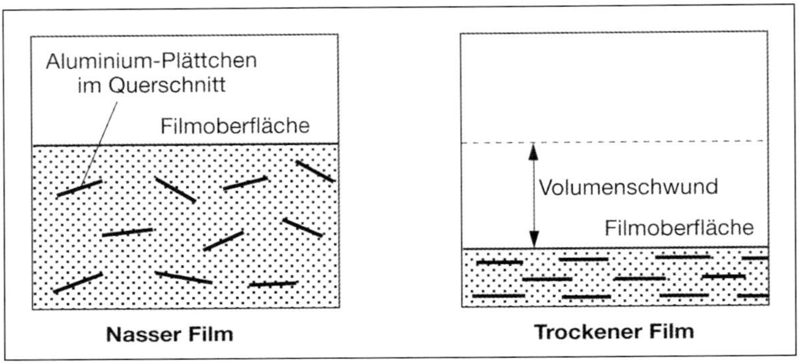

Abbildung 4: Orientierung des Metallic-Pigments bei der Filmtrocknung

bildung. Die optimale Orientierung der Effektpigment-Plättchen ist Folge einer sehr schnellen physikalischen Trocknung des Filmbildners (s. Trocknungsmechanismen, S. 26), verbunden mit starkem Volumenschwund des Filmes im Trocknungsverlauf (Filmschrumpfung). Auf diese Weise werden die Aluminium-Plättchen regelrecht in die horizontale Lage „gebügelt“. In Abbildung 4 ist dieser Vorgang visualisiert.

Voraussetzung für diesen Mechanismus ist ein sehr hoher Lösemittelanteil im Lack (bis zu 80 %). Versäumt man ihn beim Verarbeiten abzufangen, verursachen lösemittelhaltige Basislacke mit die größte Umweltbelastung unter allen Lacksystemen. Kein Wunder, dass gerade auf diesem Gebiet die Wasserlacktechnologie besonders forciert wurde. Die diesbezüglichen Erfolge sind inzwischen ganz beachtlich, so dass die Verwendung wasserverdünnbarer Basislacke, vor allem in Europa, ständig zunimmt. Hauptbindemittel für lösemittelhaltige Basislacke sind Celluloseacetobutyrate (CAB), in Kombination mit Polyestern bzw. Acrylaten. Die wasserbasierenden Systeme enthalten spezielle Polyurethan-Dispersionen.

Die Basislacke zeigen zwar eine günstige Effektausbildung und gute Lichtbeständigkeit, sonst aber weisen sie eher mangelhafte Filmeigenschaften auf. Deshalb müssen sie durch hochwertige Klarlack-Überzüge gegen mechanische Beanspruchungen sowie gegen Chemikalien- und Wetterbelastungen geschützt werden. Besonders geeignet als derartige Clear-Coats sind sowohl 2-Komponenten- als auch Einbrenn-Acrylate. Um den Glanz, die Wetterbeständigkeit und – durch Lichtschutzmittel im Klarlack – die Lichtbeständigkeit der Pigmente zu verbessern, werden manchmal auch Lackierungen mit Uni-Farbtönen als Zweischicht-Systeme konzipiert.

Abschließend sei erwähnt, dass es neben den besprochenen, besonders häufig vorkommenden Beschichtungssystemen - und deren Komponenten - noch etliche Sonderfälle gibt (z.B. Brandschutzssysteme), auf die aber hier im Einzelnen nicht eingegangen werden kann.

2 Bestandteile des Lackes

2.1 Bedeutung und Einteilung der Lackkomponenten

Die Entwicklung von Beschichtungsstoffen läuft im Wesentlichen auf die Auswahl geeigneter Lackrohstoffe und deren optimale mengenmäßige und verfahrenstechnische Einbindung in eine **Lackrezeptur** hinaus. Ähnlich wie bei einem „Kochrezept", liefert das Zusammenspiel der ausgesuchten Bestandteile in ihrer Gesamtheit das angestrebte Endergebnis.

Diese auf den ersten Blick einfach erscheinende Aufgabe erfordert in Wirklichkeit von den Lackforschern und -entwicklern sehr ausgedehnte Kenntnisse über die physikalischen und chemischen Wechselwirkungen Tausender von Lackrohstoffen, welche auf Grund ihres unterschiedlichen Aufbaus oft nur mit Mühe in einen stabilen Gleichgewichtszustand zusammengeführt werden können. Außerdem ist es in vielen Fällen nicht möglich, eine „optimale Rohstoffkombination" zu finden, die alle an den Lack gestellten Wünsche gleichzeitig zu befriedigen gestattet, weil manche Forderungen ihrer Natur nach gegenläufig sind (z.B. niedrige Materialviskosität und hohe Applikationsschichten in einem Arbeitsgang). Der Rezeptausarbeiter ist oft gezwungen, einen Kompromiss zu finden, der möglichst vielen der geäußerten Wünsche und der zu berücksichtigenden Gegebenheiten Rechnung trägt.

Die zur Lackformulierung benötigten Rohstoffe werden überwiegend von der Großchemie synthetisch (künstlich) hergestellt und auf den Markt gebracht, wo Lackfirmen sie nach Bedarf einkaufen können. Jedoch genügen die Eigenschaften solcher Rohstoffe „von der Stange" nicht immer, das angestrebte Anforderungsprofil der Beschichtungen optimal zu erfüllen. Dies gilt vor allem für die Bindemittel (Filmbildner). Es ist deshalb keine Seltenheit, dass Lackfabriken auch eine eigene Rohstoffentwicklung und -herstellung betreiben, mit dem Ziel, „maßgeschneiderte" Filmbildner oder Additive zum Exklusiveinsatz in ihrer Produktpalette zu erhalten.

Paolo Nanetti: Lack für Einsteiger

ISBN: 978-3-86630-881-7

Wo dies nicht möglich ist, versucht man zunehmend, sich - über Kooperationsabkommen mit den Rohstoffherstellern - nach eigenem Wunsch Spezialanfertigungen der Lackkomponenten zu sichern. Die Rohstoffauswahl für moderne Beschichtungssysteme orientiert sich jedoch nicht nur nach rein technologischen Gesichtspunkten. Sie wird vielmehr auch stark von ökologischen, physiologischen und einkaufspolitischen Aspekten mitbestimmt.

Die Lackbestandteile lassen sich, entsprechend ihrer Funktion im Beschichtungsstoff, in folgende Gruppen unterteilen:

- Bindemittel (Filmbildner)
- Lösemittel
- Additive
- Pigmente und Füllstoffe

2.2 *Bindemittel (Filmbildner)*

Die **Bindemittel** sind die wesentlichsten Bestandteile der Beschichtungsstoffe, weil, wie auch ihre richtigere Bezeichnung **„Filmbildner"** verrät, unerlässlich für das Zustandekommen der Beschichtung.

Ein Lack ist ohne Bindemittel nicht denkbar, während die anderen Lackkomponenten, je nach Verwendungszweck und Technologie des Beschichtungsstoffes, durchaus fehlen können. Klarlacke enthalten z.B. weder Pigmente noch Füllstoffe, Pulverlacke sind frei von Lösemitteln und man kann sich schließlich Lacke vorstellen - auch wenn sie in der Praxis kaum vorkommen - die sich ganz ohne Additive formulieren lassen.

Ohne Filmbildner jedoch kann überhaupt kein Lackfilm entstehen!

Durch ihren chemischen und physikalischen Charakter bestimmen die Filmbildner in hohem Maße das Gesamtverhalten des Anstrichstoffes, seinen Verfilmungsmechanismus, das Eigenschaftsbild des ausgehärteten Lacküberzugs und dessen Beständigkeit, Zusammenhalt und Haftung auf dem Untergrund.

Die Bindemittel werden in der Regel in Form von Lösungen oder Dispersionen eingesetzt. In Pulverlacken kommen sie allerdings als feste, lösemittelfreie Kunstharze zur Anwendung. Der Unterschied zwischen Lösung und Dispersion wird an anderer Stelle (s. S. 63) ausführlich erläutert.

2.2.1 Chemischer Aufbau

Als filmbildende Substanzen kommen fast ausschließlich mehr oder weniger komplex aufgebaute organische Verbindungen, das heißt Verbindungen des Kohlenstoffs, in Betracht. Die früher zu diesem Zweck eingesetzten Naturstoffe werden heute - zumindest in reinem Zustand - praktisch nicht mehr verwendet. Sie dienen lediglich zur Modifizierung von künstlich hergestellten Filmbildnern. Die Hauptverbindungen, auf denen die Bindemittelchemie heute basiert, sind durchweg **„synthetische“** Produkte. Mit anderen Worten, sie werden über chemische Verfahren erzeugt; als Ausgangsstoffe dienen fast nur Derivate des Erdöls.

Da die Filmbildner, mit Ausnahme der Pulverlackanwendungen, grundsätzlich in flüssiger Form zum Einsatz kommen, muss die Molmasse, d.h. die Masse ihrer kleinsten Teilchen (Moleküle) so gewählt werden, dass sich, bei Verwenden üblicher Lacklösemittel, eine für die Verarbeitung des Lackes geeignete Viskosität ergibt.

In der Praxis bedeutet dies, dass die Molmasse nicht zu hoch sein darf oder, anders ausgedrückt, dass nur Bindemittel mit - in gelöster Form - nicht allzu großen Molekülen zur Anwendung kommen, denn es gilt der Grundsatz: je größer die Moleküle, desto höher wird die Viskosität ihrer Lösungen.

Dieser Zusammenhang hat beim Formulieren umweltfreundlicher, festkörperreicher Lacke (High-Solids) eine zentrale Bedeutung.

Auf der anderen Seite sind Lackierungen, in denen größere Moleküle vorkommen, beständiger gegen Witterungseinflüsse und chemische Belastungen als die auf kleinen Molmassen basierenden. Um aus diesem technologischen Dilemma herauszukommen, bieten sich im Wesentlichen zwei Wege an. Entweder man geht von hochmolekularen Filmbildnern aus und verarbeitet sie nicht als **Lösungen**, sondern als **Dispersionen** (s. „Physikalische Wechselwirkungen im Lack“, s. S. 61), oder man verwendet gelöste niedrigmolekulare Bindemittel, deren Moleküle nach der Lackapplikation chemisch **„vernetzt“**, das heißt in chemischen Reaktionen zu größeren Gebilden „zusammengeknüpft“ werden.

2.2.2 Mechanismen der Filmbildung

Die Art und Weise, wie aus einer flüssigen Lackschicht ein fester Film entsteht, kann verschieden sein.

Prinzipiell unterscheidet man zwischen **physikalischer Trocknung** und **chemischer Härtung**. Die oft gesondert betrachtete **oxidative Trocknung** ist eine spezielle Variante der chemischen Härtung.

a) Physikalische Trocknung

Von physikalischer Trocknung spricht man, wenn die im Lack enthaltenen Bindemittelmoleküle während des Trocknungsvorganges chemisch unverändert bleiben. Die Filmbildung erfolgt ausschließlich durch Verdunsten des Lösemittels.

Abbildung 5 stellt diesen Vorgang graphisch dar. Zunächst betrachten wir den Lackzustand vor der Applikation (I). Die vom Lösemittel umhüllten Bindemittelmoleküle „schwimmen" frei herum. Anders ist die Situation beim noch nassen Lackfilm (II). Die Bindemittelmoleküle sind zwar noch vom Lösemittel umhüllt - das zunehmend verdunstet-, richten sich aber in der schmaler werdenden Lackschicht immer mehr horizontal aus. Im schließlich trockenen Lackfilm ist das Lösemittel schon vollständig verdunstet (III). Die langgestreckten Bindemittelmoleküle sind sich so nahe gekommen, dass sie sich mit physikalischen Anziehungskräften (**Kohäsionskräfte**) gegenseitig festhalten und somit einen festen Film bilden können. Dabei haben die Filmbildnermoleküle allerdings keinerlei Veränderung erfahren, d.h. sie können jederzeit durch die gleichen Lösemittel wieder in Lösung gebracht werden.

b) Chemische Härtung

Bei der chemischen Härtung findet, neben der Verfilmung unter Lösemittelverdunstung, auch eine **chemische Vernetzung** der Bindemittel-

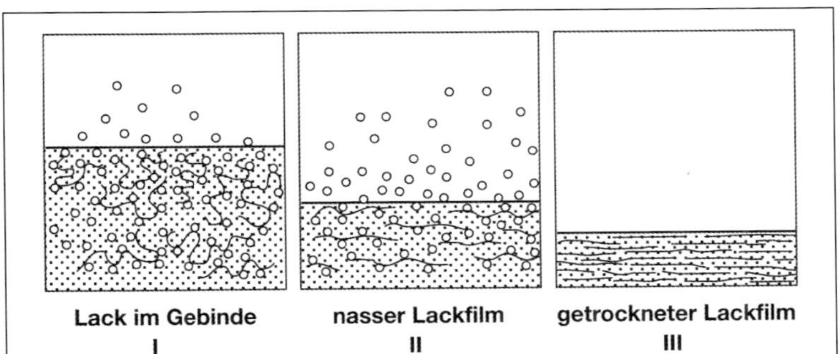

Abbildung 5: Physikalische Trocknung

moleküle statt. Dies bedeutet, dass nach erfolgter Filmbildung an Stelle vieler kleinerer Filmbildnermoleküle praktisch nur noch ein einziges Riesenmolekül vorliegt, welches nicht mehr löslich ist und hohe Beständigkeiten aufweist. Die Vernetzung kann nach drei chemischen Prinzipien erfolgen, die übrigens nicht nur zur Lackhärtung herangezogen werden, sondern auch die Basis für die Bindemittelsynthese bilden. Es handelt sich um die **Polykondensation**, die **Polyaddition** und die **Polymerisation**.

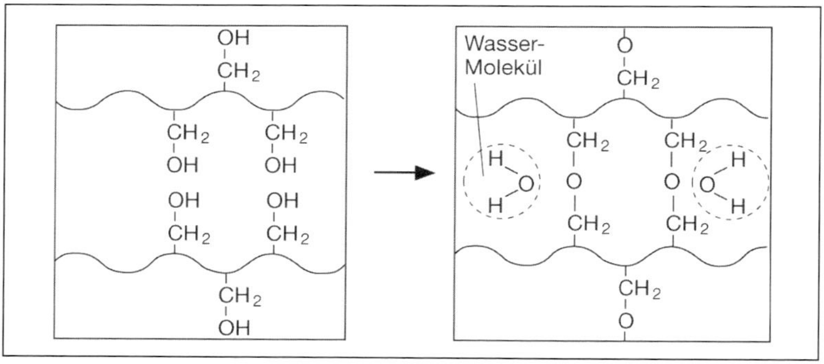

Abbildung 6: Schematische Darstellung einer Polykondensation

Abbildung 6 erläutert das Verfahren der Polykondensation. Die Reaktion findet unter chemischen Gruppen (funktionellen Gruppen) statt, welche fast immer zu unterschiedlichen Filmbildnermolekülen gehören. Die Vernetzung erfolgt üblicherweise bei höheren Temperaturen, möglich ist sie aber auch bei Raumtemperatur mit einer Säure als Katalysator. Charakteristisch für diese Reaktionsart ist die Abspaltung eines niedermolekularen Nebenproduktes, in der Regel Wasser. Die Polykondensation ist der grundlegende Härtungsmechanismus der meisten **Einbrennsysteme** und **säurehärtbaren Lacke**.

Wie Abbildung 7 veranschaulicht, findet die Polyaddition grundsätzlich zwischen zwei verschiedenen Bindemittelkomponenten statt. Da die Reaktion in der Regel bei Raumtemperatur abläuft und einsetzt, sobald die reaktionsfähigen Partner zusammenkommen, mischt man diese erst kurz vor der Verarbeitung zusammen. Das Polyadditionsprinzip ist somit die Basis der klassischen **2-Komponenten-Systeme**. Hier werden bei der Vernetzung keine Abspaltprodukte frei, vielmehr ist sie mit einer Verschiebung von Atomen oder Atomgruppen innerhalb der beteiligten Moleküle verbunden.

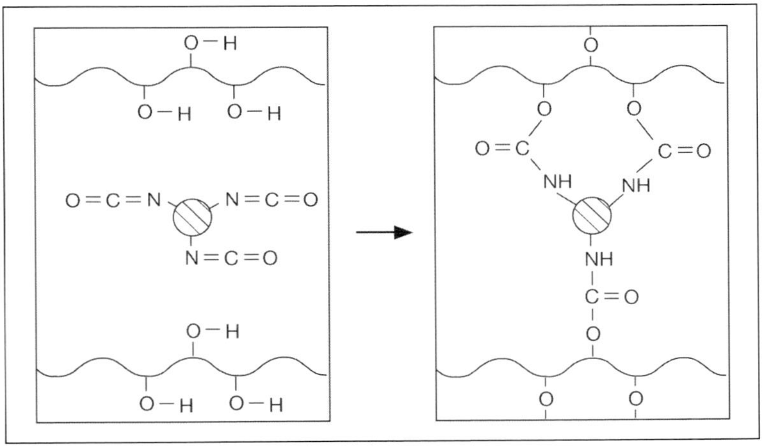

Abbildung 7: Schematische Darstellung einer Polyaddition

Die Polymerisation schließlich spielt sich, wie Abbildung 8 verdeutlicht, unter Molekülen ab, die Doppelbindungen besitzen (I). Einige dieser Doppelbindungen werden durch Energiezufuhr bzw. mit Hilfe von fremden radikalbildenden Substanzen (Initiatoren) in Radikale, das heißt in Molekülgruppierungen mit hochreaktiven Einzelelektronen, aufgespalten (II).

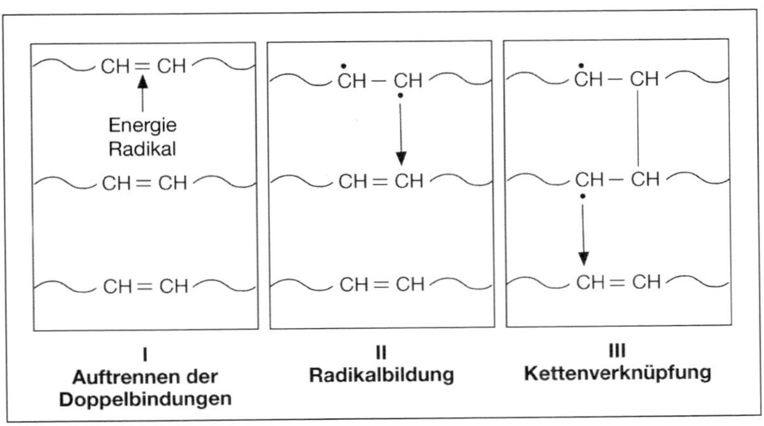

Abbildung 8: Schematische Darstellung einer Polymerisation

Die so gebildeten Radikale werden an benachbarte Doppelbindungen weitergegeben, wobei jeweils eine Verknüpfung der Monomermoleküle über eine neue Bindung und gleichzeitig ein neues Radikal entstehen (III). Dieser Vorgang setzt sich als Kettenreaktion fort und führt zu einer weitgehend vollständigen Vernetzung der beteiligten Monomere. Dieser Vernetzungsmechanismus ist charakteristisch für ungesättigte Polyester (UP-Harze) und strahlenhärtbare Systeme.

c) Oxidative Trocknung

Es wurde schon erwähnt, dass die oxidative Trocknung eine Variante der chemischen Härtung ist. Sie wird dennoch oft als gesonderter Mechanismus der Filmbildung angesehen, weil sie den einzigen Reaktionstyp darstellt, welcher auf einen von der Natur gelieferten Vernetzungspartner, nämlich den Luftsauerstoff, angewiesen ist. Chemisch gesehen handelt es sich dabei um eine Polyaddition, deren Ablauf sich mit Hilfe von speziellen Additiven (Trockenstoffe) erheblich beschleunigen lässt.

2.2.3 Wichtigste Bindemittelgruppen

Natürliche Bindemittel

Im Gegensatz zu früheren Zeiten bestehen moderne Lackbindemittel kaum noch aus reinen Naturstoffen. Naturharze wie Dammar, Kopale, Schellack, welche noch vor rund fünfzig Jahren eine erhebliche Rolle als Filmbildner spielten, werden heute nur noch selten als Lackkomponenten verwendet. Eine gewisse Ausnahme hierbei ist das aus Koniferen gewonnene Naturharz **Kolophonium**, das in veredelter Form vor allem in Malerlacken vorkommt und zur Modifizierung von Phenolharzen herangezogen wird.

Immer noch große Bedeutung besitzen dagegen die **natürlichen, trocknenden und nichttrocknenden Öle bzw. Fettsäuren**, wie z.B. Leinöl, Ricinusöl, Holzöl usw., die aber kaum noch als Alleinbindemittel zum Einsatz kommen. Meistens verwendet man sie zur Modifizierung anderer Filmbildner, das heißt ihr Einbau in fremde Molekülstrukturen führt zu einer gezielten Veränderung bestimmter technischer Eigenschaften im Lackfilm. Dies ist ganz besonders der Fall bei ölmodifizierten Polyestern, besser bekannt als Alkydharze. Sie bilden u.a. die Hauptbindemittel für Maler- und Bautenlacke.

Eine wichtige Rolle spielen auch einige Derivate, das heißt abgewandelte Produkte, der natürlichen Cellulose, beispielsweise die **Nitrocellulose** (oft auch Collodiumwolle oder einfach „Wolle" genannt) und vor allem **Celluloseacetobutyrat** (besser bekannt als CAB), ein wichtiger Bestandteil in Metallic-Basislacken.

Schließlich sollten auch einige Abkömmlinge des natürlichen Kautschuks nicht unerwähnt bleiben. So sind für Lackformulierungen unter den Bezeichnungen **Chlor**- und **Cyclokautschuk** zwei physikalisch trocknende Filmbildner verfügbar, die sich durch hohe Chemikalienbeständigkeit und gute Korrosionsschutz-Eigenschaften auszeichnen.

Polyester

Sie bilden immer noch die umfangreichste und vielseitigste Filmbildnergruppe, auch wenn andere hochwertige Bindemittelklassen, wie z.B. die Acrylate, neuerdings stark auf den Vormarsch sind. Polyester können in reiner oder in modifizierter Form eingesetzt werden.

Unmodifizierte, ölfreie Polyester spielen vor allem in Einbrennsystemen, in Pulverlacken und in Zweikomponenten-Lacken eine große Rolle. In Einbrennsystemen werden sie mit Harnstoff- oder Melaminharzen, bzw. mit blockierten Polyisocyanaten, kombiniert und mit ihnen – unter Einwirkung von Wärme (Einbrennen) – chemisch vernetzt. Auch die Pulverlacke sind Einbrennsysteme, allerdings besonderer Art. Denn im Pulverlack liegen die reaktionsfähigen Bindemittelbestandteile in fester Form vor und sie müssen beim Einbrennen zuerst schmelzen und verfließen, bevor die Vernetzung einsetzen kann.

In Zweikomponenten-Lacken werden die Polyester, kurz vor der Lackverarbeitung, mit einer so genannten „Härterlösung" gemischt, welche Polyisocyanate enthält. Die Vernetzung setzt sofort nach dem Mischen beider Komponenten ein und findet auch ohne Wärmeunterstützung, das heißt bei Raumtemperatur, statt. Diese Technologie wird angewandt, wenn bei den zu lackierenden Objekten kein Einbrennen möglich ist, entweder wegen ihrer Dimensionen (Großfahrzeuge, Flugzeuge usw.), oder ihrer Ausstattung (PKWs bei der Autoreparaturlackierung), oder ihres thermoplastischen Charakters (schmelzbare Kunststoffe).

Es gibt auch spezielle Polyester, welche die Fähigkeit besitzen, mit sich selbst zu reagieren (Polymerisation). Sie werden **ungesättigte Polyester** oder auch einfach UP-Harze genannt. Gestartet wird diese Reaktion entweder durch organische Peroxide oder energiereiche Strahlung (UV-Strahlen oder Elektronen-Strahlen). Sehr wichtig sind solche Systeme für die Spachtelherstellung und für die Holzbeschichtung.

Modifizierte Polyester werden auch **Alkydharze** genannt, wenn die Modifizierung durch den Einbau von Ölen oder Fettsäuren ins Polyester-molekül erfolgt. Dabei bestimmen die Trocknungseigenschaften und die Menge der eingesetzten Öle und Fettsäuren maßgeblich die Anwendbarkeit der Alkydharze. Polyester, die mit größeren Mengen gut trocknender Öle modifiziert sind, nimmt man hauptsächlich als Bindemittel für Maler- und Bautenlacke, und zwar ganz besonders, wenn eine Verarbeitung mit dem Pinsel oder mit der Rolle vorgesehen ist. Mit nichttrocknenden Ölen modifizierte Alkydharze schließlich eignen sich als Kombinationspartner für Nitrocellulose (Nitro-Kombi-Lacke) oder für Einbrennsysteme.

Sowohl unmodifizierte Polyester als auch Alkydharze können chemisch so aufgebaut sein, dass sie sich mit Wasser als Lösemittel verarbeiten lassen (wasserverdünnbare Systeme). Diese Filmbildner eignen sich unter anderem zur Herstellung von Elektrotauchlacken (ET-Lacken) und von wasserverdünnbaren Maler- bzw. Holz-Lacken.

Phenolharze

Es sind die ältesten vollsynthetisch hergestellten Lackharze überhaupt. Erzeugt werden sie durch Anlagerung von Formaldehyd an Phenol und anschließende Kondensation, wobei - je nach Verhältnis der Reaktionspartner - vernetzungsfähige Produkte (**Resole**) entstehen können. Früher wurden Phenolharze u.a. in großem Umfang in Öllacken als Hartharzkomponenten eingesetzt. Ihre heutige Bedeutung basiert auf ihrer überragenden Chemikalienbeständigkeit und auf den sehr guten Elektroisoliereigenschaften.

Da Phenolharze äußerst hart und spröde sind , müssen sie stets mit weicheren Vernetzungspartnern kombiniert werden. Man nimmt sie fast ausschließlich für Einbrennsysteme, sie lassen sich aber in bestimmten Fällen auch bei Raumtemperatur vernetzen, meistens mit Hilfe von Säuren als Katalysatoren (SH-Lacke).

Phenolharze neigen extrem zum Nachdunkeln, was praktisch nur eine Anwendung in nicht farbtonrelevanten Systemen zulässt, in der Regel als Klarlacke. Besonders wichtig ist der Einsatz der Phenolharze, kombiniert mit Epoxidharzen als Elastifizierungspartner, in so genannten **„Goldlacken“** im Emballagensektor. Dank der erwähnten außergewöhnlich guten Chemikalienbeständigkeit sind solche Lacke vor allem geeignet im Bereich der Lebensmittelindustrie, aber auch generell für Hobbocks, Kanister und Fässer, die zur Aufbewahrung aggressiver Güter dienen.

Harnstoff- und Melaminharze

Vom Grundprinzip her werden diese Harze ähnlich hergestellt wie die Phenolharze. Harnstoff- und Melaminharze sind die wichtigsten Kombinationspartner für **Einbrennsysteme**. Am häufigsten kommen sie mit Polyestern und Acrylaten zur Anwendung, aber auch Kombinationen mit Epoxidharzen sind üblich. Harnstoff- und Melaminharze unterscheiden sich hauptsächlich in den Beständigkeitseigenschaften und im Preis. **Harnstoffharze** sind zwar preiswerter als Melaminharze, ihnen aber deutlich unterlegen in bezug auf Temperatur-, Chemikalien- und Wetterbeständigkeit.

In wertvollen Beschichtungssystemen für die Außenanwendung, z.B. Auto- und Coil-Coating-Lacke, werden nur **Melaminharze** eingesetzt. Für wasserverdünnbare Einbrennsysteme existieren spezielle, wasserlösliche Melaminharz-Typen.

Polyisocyanate

Diese Harze dienen hauptsächlich zur Herstellung so genannter **„Härterlösungen“** für 2K-Systeme (s. Polyester, s. S. 31).

Je nach Einsatzgebiet können sie zur Vernetzung von Polyestern oder von Acrylharzen verwendet werden, wobei man die Härterlösung erst kurz vor der Verarbeitung dem so genannten „Stammlack“ – im vorgesehenen Vernetzungsverhältnis – zumischt. Wie erwähnt, setzt nach dem Mischen beider Komponenten sofort die Vernetzungsreaktion ein. Ab diesem Augenblick steht für die Lackapplikation nur noch eine begrenzte Zeit zur Verfügung, in der Lacksprache **„Topfzeit“** genannt. Nach dieser Zeit ist das Material so stark eingedickt, dass keine Verarbeitung mehr möglich ist.

Es ist leicht einzusehen, dass die 2K-Technologie für die industrielle Anwendung nicht unproblematisch ist. Gerade in der **Autoserienlackierung** wird zunehmend mit **2K-Systemen** gearbeitet. In diesem Falle werden spezielle **Hochrotationszerstäuber** eingesetzt, die eine separate Zudosierung der Isocyanat. - Komponente in den **Stammlack** während des **Zerstäubungsvorgangs** ermöglichen.

Um zu isocyanatvernetzbaren 1-Komponenten-Lacken zu kommen, die topfzeit-unabhängig im kontinuierlichen Lackierprozess verarbeitet werden können, bieten sich so genannte **„blockierte Isocyanate“** an. Es sind Isocyanate, welche durch Anlagerung bestimmter Verbindungen inaktiviert worden sind und somit bei Raumtemperatur nicht mehr reagieren können. Erst beim Einbrennen solcher Lacke wird – unter den höheren Temperaturen – das Blockierungsmittel abgespalten und damit die ursprüngliche

Reaktionsfähigkeit der Isocyanate wieder hergestellt. Blockierte Isocyanate eignen sich sowohl zur Rezeptierung flüssiger 1K-Einbrennlacke als auch, allerdings in fester Form, für den Einsatz in Pulverlacken.

Stets zu beachten ist bei der Verarbeitung von Isocyanaten, dass sie mit Wasser (auch in Spuren) reagieren. Dabei entsteht gasförmiges Kohlendioxid, was zu Schaum- und Blasenbildung führen kann und in der Regel als Lackierstörung anzusehen ist. In höheren Konzentrationen können Isocyanatdämpfe gesundheitsschädlich sein und Allergien auslösen. Im Umgang mit diesen Stoffen müssen deshalb die vorgeschriebenen Sicherheitsvorkehrungen unbedingt eingehalten werden.

Epoxidharze

Eine wichtige Anwendung dieser Filmbildner haben wir bereits im Zusammenhang mit den Phenolharzen besprochen (Emballagenlacke). Epoxidharze können aber auch mit anderen Partnern in Einbrennsystemen kombiniert werden, wie z.B. Polyestern, Acrylharzen usw., wobei die Vernetzung über eine Polykondensation stattfindet.

Epoxidharze vermögen aber auch, ähnlich den Isocyanaten, schon bei Raumtemperatur, und zwar über eine Polyaddition, mit geeigneten Verbindungen eine Vernetzungsreaktion einzugehen. Diese **2-Komponenten-Systeme** spielen eine sehr große Rolle im so genannten „schweren Korrosionsschutz", das heißt, beim Beschichten von Großobjekten und Industrieanlagen, wo naturgemäß nicht eingebrannt werden kann. Außerdem sind die 2K-Systeme von Bedeutung für die Rezeptierung von Überzügen für Fußböden und zur Abdichtung von Mauerwerk.

Als Vernetzungspartner bzw. als Härterkomponenten kommen dabei – je nach Elastizitätsanforderungen – Polyamine oder Polyamide in Betracht. Epoxidharze zeichnen sich durch hohe Elastizität, hervorragende Haftung sowie hohe Chemikalien- und Wasserbeständigkeit aus. Für Lacke in pigmentierter Form zur Außenanwendung sind sie auf Grund ihrer starken Kreidungsneigung jedoch nicht geeignet.

Eine große Rolle spielen Epoxidharze auch bei der Herstellung von Bindemitteln für die kathodische Elektrotauchlackierung. Wichtig ist außerdem ihr Einsatz in Pulverlacksystemen.

Acrylharze

Diese Filmbildner erhält man zwar vorwiegend mittels Polymerisation, sie können jedoch an sich auch mit chemischen Gruppen ausgestattet werden, die eine Vernetzung sowohl nach dem Polykondensations- als auch nach dem Polyadditionsprinzip ermöglichen. Die vielseitige technologische Anwendbarkeit und die überragenden **Licht**- und **Wetterbeständigkeitseigenschaften** machen Acrylharze mit zu den gefragtesten Bindemitteln für moderne, hochwertige Beschichtungsstoffe. In Anwendungsbereichen, in denen es besonders auf Farbton- und Glanzhaltung ankommt, das heißt in sämtlichen Sparten der Fahrzeuglackierung, vom Auto bis zum Flugzeug, sind sie sogar die führenden Filmbildner.

Je nach Molekülaufbau können sie entweder als Einbrennsysteme oder als 2-Komponenten-Lacke eingesetzt werden. Besonders wichtig sind die **Acryleinbrennsysteme** als Klarlacke für die Zweischicht-Metallics und die Uni-Farbtöne in der Autoserienlackierung. Haupteinsatzgebiete für **2-Komponenten-Acrylate** sind die Autoreparatur-, Großfahrzeug-, Flugzeug- und Kunststofflackierung, aber neuerdings auch zunehmend die **Autoserienlackierung**.

Spezielle acrylmodifizierte Bindemittel finden in **strahlenhärtbaren Systemen** Verwendung. Darüber hinaus sind weitere Acrylattypen von großer Bedeutung, so einmal die physikalisch trocknenden, wässrigen **Acrylat-Dispersionen** für die Herstellung von Wand- und Fassadenfarben und von umweltfreundlichen Holzlasuren, ferner wasserverdünnbare Acrylate für Elektrotauchlacke und neuerdings niedrigschmelzende **Acrylatpulver** als Überzugslacke für Zweischicht-Systeme.

Mit der Besprechung all dieser Filmbildnergruppen ist das Gebiet der Bindemittel bei weitem nicht erschöpft. Die hier betrachteten Filmbildner sind jedoch sicherlich – nach Verbrauchsmengen und technologischer Bedeutung – die für Lackformulierungen wichtigsten Materialien.

Zum Abschluss dieses Abschnitts darf ein Ausblick auf die **Nanotechnologie** nicht fehlen. Dieser Begriff ist in aller Munde und steht für ein neues Forschungs- und Entwicklungsfeld mit sehr breit gefächerten Anwendungsmöglichkeiten. Hauptziel dieser Technologie ist der Aufbau funktioneller Schichten mit ganz sepezifischen Oberflächeneigenschaften und sehr regelmäßig aufgebauten Strukturen im nanoskaligem Bereich (1 **Nanometer** = 1 Millionstel Millimeter). Durch die extreme Feinteiligkeit der erzeugten Partikeln bzw. der daraus entstehenden Strukturen gewinnen hierbei rein physikalische Oberflächenphänomene gegenüber den chemisch bedingten Eigenschaften eine ausschlaggebende Bedeutung. So ist es z.B. möglich, Oberflächen mit außergewöhnlicher Härte, solche mit extrem wasserabstoßender Wirkung genauso wie äußerst wasserfreundliche Beschichtungen zu erzeugen. Eine wichtige Grundlage dieser Technologie ist der so genannte **Sol-Gel-Prozess**, in dem funktionalisierte **Silane**, das heißt Ausgangsstoffe, die sowohl anorganische als auch organische Bestandteile enthalten, miteinander kondensiert und/oder einer organischen Bindemittelmatrix aufgepropft werden. Außerdem ist die Erzeugung so genannter **„Komposite“** aus verschiedenen nanoskaliger Komponenten möglich. Auch in Lackformulierungen hat die Nanotechnologie längst Eingang gefunden. Greifbare Erfolge werden bereits bei der Konzipierung spezieller Dispersionsfarben mit selbstreinigender Wirkung, die auf dem so genannten **„Lotos-Effekt“** basieren (siehe auch Seite 137), gezeitigt. Zurzeit wird intensiv an der Verbesserung der **Kratzfestigkeit** von **Klarlacken** für die Automobilindustrie geforscht. Im Pigmentbereich gibt es bereits Spezialanwendungen für **nanoskalige Titandioxide** (s. S. 57).

2.3 Lösemittel

Für **Lösemittel** gilt die allgemeine Feststellung, dass sie, sofern es sich nicht gerade um Wasser handelt, die „unbequemsten“ Komponenten der Anstrichstoffe sind. Ihre technologische Funktion ist nur von begrenzter Dauer. Zunächst sollen Lösemittel eine reibungslose Fertigung des Lackes ermöglichen und ihn im Zustand optimaler Verarbeitbarkeit halten, bis die Applikation erfolgt ist. Danach sollen sie jedoch aus dem Lacksystem möglichst schnell und ohne darin verbleibende Reste verdunsten. Hinzu kommt, dass die **Emission** organischer Lösemittel eine erhebliche Umweltbelastung darstellt (vgl. „Lack und Umwelt“, s. S. 120). Viele Lösemittel sind außerdem gesundheitsschädlich und generell gelten sie als die größte Brand- und Explosionsgefahrenquelle in der Lackindustrie.

So entfällt ein hoher Anteil der Investitionskosten für Arbeitssicherheit und Umweltschutz, sowohl bei Lackherstellern als auch bei Verarbeitern von Anstrichstoffen, auf die Beseitigung der Gefahren, die von Lösemittelemissionen ausgehen (Absaugung, Nachverbrennung, Einrichtung explosionsgeschützter Räume usw.). Kein Wunder also, dass die Lackindustrie seit Jahren unter enormen Anstrengungen Lacksysteme entwickelt, welche entweder ganz lösemittelfrei oder wenigstens lösemittelarm sind.

Die bisherige Erfolgsbilanz ist beachtlich und beruht auf den Technologien der **wasserverdünnbaren Lacke**, der **High-Solid-Systeme**, der **Pulverlacke** und schließlich der **strahlenhärtbaren Beschichtungsstoffe**, von denen später ausführlich die Rede sein wird. Dennoch machen die so genannten „konventionellen“ Lacksysteme, das heißt solche, die nach wie vor erhebliche Anteile an organischen Lösemitteln enthalten, immer noch die Hauptmenge der Anstrichstoffe aus.

2.3.1 Polarität und Lösevermögen

Das Lösevermögen eines Lösemittels hängt stark von seinem molekularen Aufbau ab und ist grundsätzlich nicht unbegrenzt. Ein Universallösemittel, das alle Stoffe lösen könnte, existiert nicht. Es gilt vielmehr nach wie vor der alte Paracelsus-Grundsatz **„Ähnliches wird von Ähnlichem gelöst“**.

Hinter dieser erfahrungsbedingten Aussage versteckt sich die wissenschaftliche Erkenntnis, dass die physikalischen Anziehungskräfte, welche zwischen den Lösemittelmolekülen herrschen (Kohäsionskräfte), sich nicht sehr von denen unterscheiden dürfen, die beim Lösevorgang zwischen den Lösemittel- und den zu lösenden Bindemittelmolekülen entstehen.

Da diese Anziehungskräfte weitgehend von der **„Polarität“** der beteiligten Stoffe abhängen, lässt sich auch sagen, dass das jeweilige Lösemittel nur Filmbildner ähnlicher Polarität lösen kann. Bezüglich ihres Lösevermögens ist die Unterteilung der Lösemittel in **echte Löser, latente Löser** und **Nichtlöser** üblich.

Die echten Löser sind in ihrem chemischen Aufbau dem Filmbildner sehr ähnlich und lösen ihn bereitwillig. Die latenten Löser benötigen Zusätze anderer Lösemittel, um ein ausreichendes Lösevermögen für den entsprechenden Filmbildner zu entfalten. Nichtlöser sind schließlich nicht in der Lage den Stoff zu lösen, da ihre Polarität zu sehr von der des Filmbildners abweicht, und können höchstens in kleinen Mengen als Verschnitt eingesetzt werden.

Was aber bedeutet „Polarität“? Vereinfacht ausgedrückt, hat die Polarität mit der Anwesenheit von mehr oder weniger ausgeprägten elektrischen Ladungen in den betreffenden Molekülen zu tun. Wie sich diese Ladungen beim Lösevorgang auswirken, wird im Zusammenhang mit den physikalischen Wechselwirkungen im Lack näher erläutert (s. S. 61). Hier soll zunächst lediglich eine Zuordnung der Lösemittelgruppen nach Polaritätsmerkmalen erfolgen.

Die Polarität beruht auf der Anwesenheit von **„Dipolen“** in den Molekülen, auf deren Varianten hier nicht im Einzelnen eingegangen werden kann. Ein Dipol entsteht in einer Gruppe von Atomen, die unterschiedliche Anziehungskräfte auf die an der chemischen Reaktion beteiligten (elektrisch negativ geladenen) Elektronen ausüben.

Hierdurch kommt es zur Verschiebung der negativen Ladungen in Richtung auf das „elektronegativere“ Atom, so dass die Atomgruppierung jetzt,

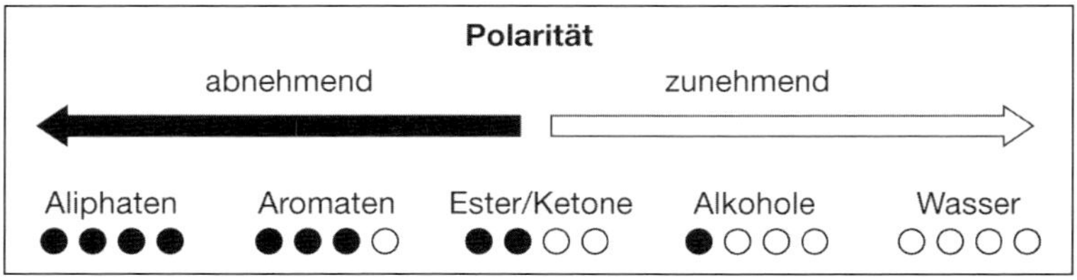

Abbildung 9: Polarität von Lösemitteln

ähnlich einer Batterie, einen negativen und einen positiven Pol aufweist (Dipol = zwei Pole). Je größer die Ladungsdifferenz zwischen den beiden Polen ist, als desto polarer erscheint die Atomgruppierung. Somit wird auch die gesamte Polarität eines Moleküls von den darin enthaltenen Dipolen beeinflusst. Abbildung 9 zeigt eine Anordnung von Lösemittelgruppen mit steigender Polarität (von links nach rechts).

2.3.2 Wichtigste Lösemittelgruppen

Aliphatische Lösemittel

Sie sind die unpolarsten aller Lösemittel. Zu dieser Stoffgruppe zählen alle Benzine, wie z.B. die Leichtbenzine, die Kristallöle, die Testbenzine und auch die natürlichen Terpentinöle. Ihre geringe Polarität beruht darauf, dass sie reine Kohlenwasserstoffe, das heißt nur aus Kohlenstoff- und Wasserstoffatomen aufgebaut sind, die beide ähnliche Elektronegativität aufweisen und somit keine ausgeprägten Dipole zustandebringen können. Dies sei am Beispiel des Heptans dargestellt:

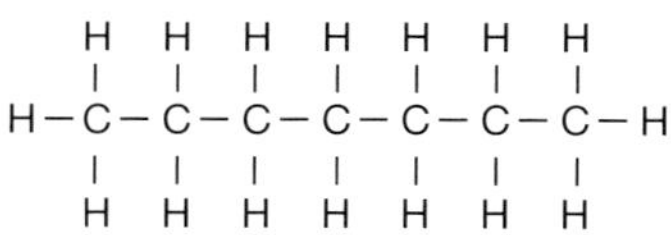

n. Heptan

H = Wasserstoff C = Kohlenstoff

Aliphatische Lösemittel eignen sich naturgemäß zum Lösen von unpolaren Bindemitteln. Besonders wichtig sind hierbei solche, die größere Mengen Öle bzw. Fettsäuren oder aliphatische Gruppierungen enthalten. Beispiele: Bestimmte Alkydharze, modifizierte Acrylate, Cyclokautschuk, Wachse usw.

Aromatische Lösemittel

Sie sind relativ unpolar, aber dennoch polarer als die aliphatischen Lösemittel. Hierzu zählen so wichtige und bekannte Stoffe wie Toluol, Xylol und die verschiedenen Solventnaphtha-Typen. Aromaten vermögen eine größere Palette von Filmbildnern zu lösen als die Aliphaten, da sie auch schon in den mittelpolaren Bereich „hineingreifen“. So stellen aromatische Lösemittel gute Löser für praktisch alle Polyester und Acrylate dar, außerdem können sie als Verschnittmittel in beträchtlichen Mengen auch in polareren Systemen mitverwendet werden.

Trotz breiter Einsatzmöglichkeiten sind die Aromaten in den letzten Jahren aus physiologischen Gründen verstärkt in die Kritik geraten, und sie werden zunehmend durch weniger bedenkliche Lösemittel ersetzt (z.B. Butylacetat).

Ester und Ketone

Diese Lösemittel decken ein sehr breites Löslichkeitsspektrum im mittelpolaren Bereich ab. Sie zählen zu den **besten Lösern** überhaupt. Gewisse Einschränkungen in ihrer Anwendung gibt es hauptsächlich wegen des relativ hohen Preises und intensiven Geruchs (vor allem bei den Ketonen). Die bei Estern und Ketonen deutlich ausgeprägtere Polarität beruht auf der Kombination von Kohlenstoffatomen mit den wesentlich elektronegativeren Sauerstoffatomen; hierdurch entstehen relativ starke Dipole.

Dies wird am Beispiel von Butylacetat und Aceton formelmäßig dargestellt:

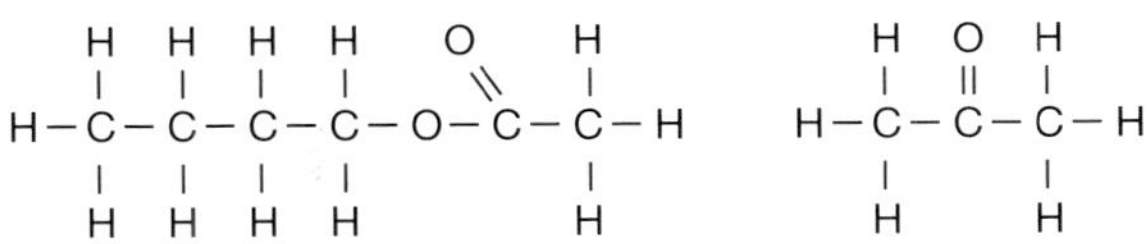

Butylacetat Aceton

H = Wasserstoff C = Kohlenstoff O = Sauerstoff

Unter den Estern ist besonders Butylacetat zu erwähnen, welches, vor allem durch den Rückgang im Aromatenverbrauch, inzwischen zu einem der wichtigsten Lösemittel überhaupt avanciert ist.

Bei den Ketonen spielen eine besondere Rolle: Aceton (Vorsicht! Wegen sehr niedrigen Flammpunktes besonders brand- und explosionsgefährlich!), Ethylmethylketon und Cyclohexanon.

Alkohole und Glykolether

Sie sind die polarsten unter den organischen Lösemitteln und werden in der Polarität nur noch von Wasser übertroffen, das aber nicht als organisches sondern als anorganisches Lösemittel gilt. Die hohe Polarität kommt hier durch die Kombination von Wasserstoff- und Sauerstoffatomen zustande. Die dabei entstehenden OH-Gruppen können besonders starke physikalische Anziehungskräfte ausüben, die als **„Wasserstoffbrücken"** bekannt sind. Allerdings hängt die Gesamtpolarität dieser Verbindungen auch vom Molekülrest ab, an den die OH-Gruppe gebunden ist.

Als Beispiele seien die Formeln von Isopropanol und Methoxypropanol aufgeführt.

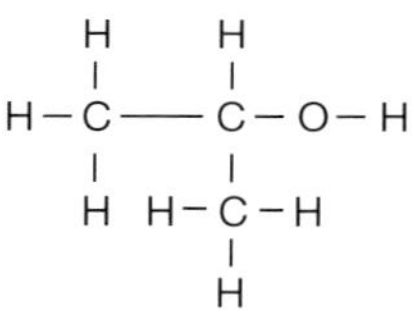

Isopropanol

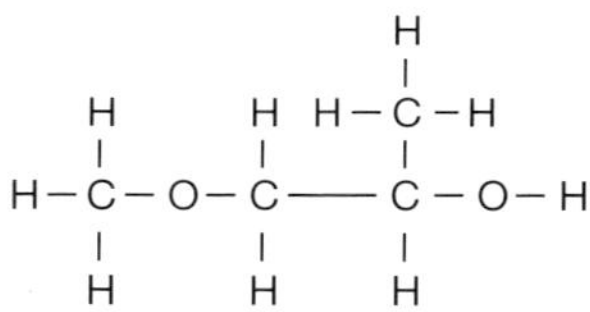

Methoxypropanol

H = Wasserstoff C = Kohlenstoff O = Sauerstoff

Alkohole und Glykolether nimmt man naturgemäß als Lösemittel für hochpolare Bindemittel, wie z.B. Nitrocellulose, Phenolharze, Harnstoff- und Melaminharze. Besonders wichtig ist ihr Einsatz als Hilfslösemittel in wasserverdünnbaren Lacken und als Filmbildehilfsmittel in wässrigen Dispersionen.

Wasser

Wie erwähnt, übertrifft Wasser in seinem polaren Charakter alle anderen Lösemittel. Die Polarität des Wassers ist deshalb so ausgeprägt, weil der „Wasserdipol" zur Bildung zweier Wasserstoffbrücken befähigt ist. Sein Molekül kann man sich praktisch als Kombination von zwei OH-Gruppen vorstellen:

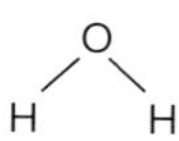

Wasser

H = Wasserstoff O = Sauerstoff

Wegen seiner so hohen Polarität ist Wasser mit „konventionellen" Lacksystemen absolut **unverträglich**.

Die Folgen einer Einwirkung von Wasser, auch schon in Spuren, können Eindicken, Ausfällungen, Trübungen, Flockulation und – bei Isocyanaten – Gasungserscheinungen sein. Nur bestimmte Filmbildner, mit einem ganz speziellen chemischen Aufbau, z.B. vielen Ethergruppen, lassen sich mit Wasser verdünnen. Allerdings kann hierauf aus Platzgründen nicht näher eingegangen werden.

Abschließend sei daran erinnert, dass praktisch alle Lösemittel mehr oder weniger gesundheitsschädlich sind. Beim Umgang mit ihnen muss grundsätzlich für eine möglichst optimale Belüftung der Arbeitsräume gesorgt werden. Viele Lösemittel können auch durch die Haut aufgenommen werden, außerdem stellen Lösemittel eine erhebliche Gefahr für die Augen dar. Aus diesem Grund ist das Benutzen von persönlichen Schutzausrüstungen in Form von Handschuhen, Schutzbrille usw. zwingend erforderlich.

2.4 Additive (Lackhilfsmittel)

2.4.1 Allgemeines

Diese Klasse von Lackrohstoffen ist dadurch charakterisiert, dass sie, entsprechend ihrer Bezeichnung (Additiv = Zusatzmittel), nicht zu den Hauptkomponenten der Beschichtungsstoffe gezählt werden und in der Regel nur in kleinen Mengen, meistens zwischen 0,1 und 1,5 %, in Lackrezepturen Einsatz finden. Gleichwohl haben sie große Bedeutung im Hinblick auf die Lackqualität, da sich damit bestimmte wichtige Eigenschaften des Beschichtungsstoffes vor, während oder nach seiner Verarbeitung ganz gezielt steuern lassen.

Vielfach ist es ohne Additive überhaupt nicht möglich, grundlegende lacktechnologische Anforderungen zu erfüllen! Trotz der kleinen Einsatzmengen entfalten Additive eine große Wirkung und sie werden oft, zwecks besserer Dosierung, in Form von Lösungen oder Pasten verwendet. Man kann sie diesbezüglich durchaus mit den Wirkstoffen in Medikamenten vergleichen. Bei der Lackherstellung kommt es auf die richtige **Dosierung** und **Handhabung** der Additive an, weil bei falscher Vorgehensweise ihre Wirkung durchaus aufgehoben werden oder sich sogar umkehren kann.

Im Grenzbereich der Additive findet man eine besondere Gruppe von Lackrohstoffen, in der Fachsprache als **Weichmacher** bezeichnet, deren eindeutige Zuordnung schwierig ist. Sie unterscheiden sich von den anderen Additiven insofern, als sie in größeren Mengen eingesetzt werden und teilweise Harzcharakter zeigen. Der Einfachheit halber werden sie hier dennoch als Additive angesprochen.

Es ist nicht möglich, in diesem Kompendium einen Überblick von allen Additivarten und ihren Funktionsmechanismen zu vermitteln; dafür ist das Gebiet einfach zu vielseitig und zu komplex. Wir müssen uns deshalb auf allgemeine Informationen über die wichtigsten Additivtypen und deren Aufgaben beschränken.

2.4.2 Die wichtigsten Additive und ihre Anwendung

Netzmittel und Emulgatoren

Es handelt sich um so genannte **„Tenside“**, das heißt um Stoffe, die die Grenzflächenspannung zwischen den Lösemitteln bzw. Bindemittellösungen einerseits und der Pigment- und Füllstoffoberfläche andererseits herabsetzen und so deren Benetzung überhaupt ermöglichen oder wenigstens erleichtern. Nur so lässt sich eine ausreichenden Dispergierung und eine stabile Verteilung der Pigmentteilchen im Lack erzielen.

Die Tenside sind oft sehr komplexer Natur und müssen den Pigmenten, Harzlösungen, Lösemitteln und Zusatzstoffen sorgfältig angepasst werden. Ihre Wirkung können Tenside in der Regel nur optimal entfalten, wenn sie dem Mahlgut noch vor dem Dispergiervorgang zugesetzt werden (s. Dispergierung, s. S. 92). Eine Überdosierung kann unter Umständen zu einer Umkehrung ihrer Wirkung führen (z.B. verstärkte Flockulation).

Verlaufsmittel

Hiermit lässt sich die **Glättung** der Lackoberfläche während der Trocknung unterstützen, meistens durch eine Herabsetzung der Oberflächenspannung an der Lackoberfläche. Als Verlaufsmittel kommen hochsiedende Lösemittel, aber auch spezielle Siliconöle in Betracht.

Entschäumer

Wie die Bezeichnung verrät, sollen diese Additive die Bildung von **Schaumblasen** unterdrücken bzw. das Entweichen bereits gebildeter Blasen aus dem trocknenden Lackfilm begünstigen. Blasen können sich während z.B. der Dispergiervorgänge bilden, da hierbei in der Regel große Mengen Luft in den Beschichtungsstoff eingerührt werden. Dies ist ganz besonders bei wasserverdünnbaren Systemen der Fall, weil man hier oft seifenähnliche

Emulgatoren verwendet, welche die Schaumbildung fördern. Der Entschäumer reichert sich an der Oberfläche des flüssigen Lackes an und begünstigt dort das Aufplatzen der Blasen bzw. das Zusammenfallen des Schaums.

Verdickungs- und Thixotropierungsmittel

Diese Stoffe werden auch **„rheologische Additive"** genannt, weil sie das Viskositätsverhalten der flüssigen Beschichtungsstoffe, also ihre Rheologie, beeinflussen, etwa in dem Sinne, dass damit ein Auftragen der erforderlichen Lackfilmschichtdicken ohne Ablauferscheinungen ermöglicht wird. Im ruhenden Lack verhindern derartige Additive außerdem das harte Absetzen von Pigmenten und Füllstoffen und erschweren so eventuelle Entmischungserscheinungen. In dieser Funktion werden sie auch **Antiabsetzmittel** genannt. Wichtige Vertreter dieser Gruppe sind, für den Einsatz in lösemittelhaltigen Systemen, die **pyrogenen Kieselsäuren** und die **Schichtsilikate** und, für die Anwendung in Wasserlacken, die **Celluloseether**, die **Acrylatverdicker** und die so genannten **Assoziativverdicker**. Auf die verschiedenen Erscheinungsformen der Viskosität wird im Zusammenhang mit den physikalischen Wechselwirkungen im Lack näher eingegangen (s. S. 61).

Mattierungsmittel

Diese Additive ermöglichen es, den **Glanzgrad** von Lackfilmen nach Belieben einzustellen. So bewirken sie an der Oberfläche des Lackfilmes eine gezielte Rauhigkeit. An ihr kommt es zu diffuser Lichtstreuung, durch die der (auf Lichtreflexion beruhende) Glanz mehr oder weniger vermindert erscheint. Die Einarbeitung der Mattierungsmittel wird im Übrigen zusammen mit der Lackherstellung besprochen (s. S. 114). Wenn die Anforderungen bezüglich der Reproduzierbarkeit des Glanzgrades nicht sehr hoch sind und ein günstiger Preis des Beschichtungsstoffes im Vordergrund steht, verzichtet man gelegentlich auf die relativ teuren Mattierungsmittel und setzt statt dessen Füllstoffe ein.

Trockenstoffe

Diese Additive sind speziell für oxidativ trocknende Alkydharzsysteme (Malerlacke, Alkydharzgrundierungen usw.) von größter Bedeutung. Damit lässt sich die Vernetzung der trocknenden Fettsäuren mittels **Sauerstoffaufnahme** - unter normalen Umständen sehr langsam ablaufend - ganz erheblich beschleunigen.

Chemisch gesehen handelt es sich hierbei um Metallseifen aliphatischer oder cycloaliphatischer Säuren. Sie werden u.a. auch als Beschleuniger für die Polymerisation ungesättigter Polyester verwendet.

Hautverhinderungsmittel

Die Bedeutung dieser vielfach auch „Antihautmittel" genannten Additive liegt ebenfalls im Bereich der oxidativ trocknenden Systeme, wo sie quasi die Rolle von „Gegenspielern" der Trockenstoffe übernehmen. In dieser Funktion **blockieren** sie im flüssigen Lack die Trockenstoffwirkung und verhindern somit, dass der Beschichtungsstoff in geschlossener Dose durch Sauerstoffaufnahme vorzeitig trocknet und eine Haut bildet. Nach der Applikation verdunsten die Hautverhinderungsmittel aus dem Lackfilm, so dass die Trockenstoffe wieder ihre volle Wirkung entfalten können.

Lichtschutzmittel

Es sind Produkte, die praktisch nur in Klarlacken oder Lasuren Anwendung finden. Sie verzögern das Vergilben und Vermatten der Beschichtungen - Erscheinungen, welche vor allem der Einwirkung energiereicher **UV-Strahlen** zuzuschreiben sind. Lichtschutzmittel können entweder die UV-Strahlen direkt absorbieren oder sie blockieren die beim Bindemittelabbau entstehenden hochreaktiven Radikale, von denen sonst eine beschleunigende Wirkung bei der weiteren Zersetzung des Filmbildners ausginge.

Lichtschutzmittel haben großen Einfluss auf die Qualität von Zweischicht-Metallic-Systemen, da hierbei die Einwirkung von UV-Strahlen - wegen der Reflexion auf den Aluminium-Plättchen - viel effektiver ist als in absorbierenden Beschichtungen. Denn die zurückreflektierten Strahlen passieren praktisch ein zweites Mal die Lackierung und setzen dabei ihr zerstörerisches Werk fort. Um diese Störeinflüsse zu minimieren, werden in Zweischicht-Metallics die Klarlacke grundsätzlich mit Lichtschutzmitteln ausgerüstet. Eine weitere wichtige Anwendung finden diese Stoffe beim Schutz von Holzlasuren.

Fotoinitiatoren

Es sind besonders wichtige Additive für strahlenhärtbare Systeme, da sie es vermögen, **UV-Strahlung** zu absorbieren und dabei polymerisationsauslösende **Radikale** zu bilden, die die Härtungsreaktion im Film starten. Durch ihre Wirkung erfolgt die Aushärtung des Lackes innerhalb weniger Sekunden.

Weichmacher

Wie erwähnt, unterscheiden sich die Weichmacher von den anderen Additiven durch ihre erheblich größeren Einsatzmengen (5 bis 10 % und mehr).

Die Weichmacher sind unentbehrlich in etlichen physikalisch trocknenden Systemen, die für sich allein genommen keine ausreichende Elastizität aufbringen. An erster Stelle sind hier Nitrocellulose, PVC, Chlor- und Cyclokautschuk zu nennen.

Die Wirkung der Weichmacher ist rein physikalischer Art, das heißt sie verbinden sich nicht chemisch mit dem weichzumachenden Stoff. Vielmehr kommt die **Elastifizierung** dadurch zustande, dass sich die Weichmachermoleküle über physikalische Anziehungskräfte auf den Polymermolekülen verankern können. Dabei gehen sie mit diesen Wechselwirkungen ein, die - oft mit Lösemittel- oder Wärmeunterstützung - zu einem mehr oder weniger ausgeprägten Gelzustand (**Gelieren**) führen können. Auf diese Weise verwandelt sich das aus zwei verschiedenen Stoffen bestehende System in ein einheitliches, elastisches Material.

Hiermit wollen wir unseren Streifzug durch das äußerst vielseitige Gebiet der Lackadditive mit der Erkenntnis beenden, nur die wesentlichsten Details, nicht aber viele ebenso wichtige Themen angesprochen zu haben. Zur Schließung der verbleibenden Wissenslücken verweisen wir auf die umfangreiche Fachliteratur.

2.5 Füllstoffe

2.5.1 Physikalische und technologische Eigenschaften

Wie ihre Bezeichnung schon aussagt, haben Füllstoffe die Aufgabe, die Beschichtungen raummäßig mit Gerüstmaterial zu füllen, wodurch sich vor allem die mechanischen Filmeigenschaften gezielt beeinflussen lassen.

Füllstoffe werden hauptsächlich in so genannten **Grundmaterialien** verwendet, das heißt in Spachteln, Füllern und Grundierungen, deren technologische Funktion wir bereits beschrieben haben. In solchen Beschichtungsstoffen sind die Füllstoffe maßgebend für Qualitäsmerkmale, wie die Haftung, das Füllvermögen, die Schleifbarkeit, die Vermeidung von Rissbildung und Filmschrumpfung usw.

Sperreffekte

Durch ihre so genannte „Barrierewirkung", das heißt Erschwerung von Feuchtigkeitsdiffusion durch den Lackfilm, können sie außerdem die Korrosionsschutzeigenschaften einer Beschichtung ganz erheblich verbessern. Ausschlaggebend für die Erfüllung dieser Aufgaben sind unter anderem Teilchengröße und Teilchenform der Füllstoffe, sowie die Pigmentvolumenkonzentration (PVK) der Beschichtung, (vgl. Lackrezept, s. S. 71). Oft verwendet man Kombinationen aus verschiedenen Füllstoffen, zum Beispiel aus kompakten Teilchen und aus Plättchen bestehend. Hiermit gelingt es, eine **optimale Packungsdichte** zu erzielen, das heißt die Beschichtung so zu füllen, dass sich in die Zwischenräume zwischen den Plättchen die kompakteren Körner volumenfüllend einfügen.

Farbwirkungen

Die Füllstoffe werden in der Regel nicht zu den Farbmitteln gezählt, das heißt anders als die Pigmente verfügen sie nicht über ein nennenswertes Färbe- und Deckvermögen. Grund hierfür ist die im Allgemeinen zu **niedrige Brechzahl** der Füllstoffe, genauer gesagt die zu geringe Differenz zwischen ihrer Brechzahl und der Brechzahl des umliegenden Mediums. Nehmen wir an, ein Füllstoff mit der Brechzahl 1,6 wäre vollständig in einen Filmbildner mit der Brechzahl 1,5 eingebettet. Die Differenz von 0,1 wäre zu gering für eine ausreichende Lichtbrechung, und so würde der Füllstoff fast transparent erscheinen.

Eine teilweise andere Situation stellt sich jedoch bei hochgefüllten Systemen wie Dispersionsfarben, Spachteln und Füllern ein. Hier entfalten die Füllstoffe auch gewisse **Farbmitteleigenschaften**, das heißt sie tragen zum Deck- und Färbevermögen der Beschichtung bei. Dieser Umstand ist darauf zurückzuführen, dass es in solchen hochgefüllten Beschichtungen in der Regel nicht gelingt, die Gesamtoberfläche des Füllstoffs mit Filmbildner optimal zu belegen, so dass etliche Füllstoff/Luft-Grenzflächen erhalten bleiben. Das Medium Luft hat aber eine Brechzahl von nur 1, die somit weit unter den Filmbildner-Brechzahlen liegt. Die Brechzahldifferenz zwischen unserem Füllstoff und dem umliegenden Medium Luft beträgt nun 0,6, was ausreicht, um primär Lichtbrechung und damit auch Deckvermögen zu gewährleisten.

Diese Erkenntnis wird beim Rezeptieren ausgenutzt, um mit Hilfe preiswerter Füllstoffe den teuren Pigmentanteil zu reduzieren. Der Leser wird möglicherweise selbst die Erfahrung gemacht haben, dass z.B. billige Innenwandfarben, die viel Füllstoff enthalten, in trockenem Zustand sehr viel besser decken als in nassem, d.h. direkt nach dem Rollen.

Auf die Verwendung von Füllstoffen als Ersatz für teure Mattierungsmittel wurde bereits hingewiesen (s. S. 43).

2.5.2. *Die wichtigsten Füllstoffgruppen*

Quarzmehl

Diese Produkte gewinnt man meistens durch Vermahlen von Quarzit-Gestein. Da Quarz ein sehr hartes Mineral ist, wird der so erhaltene Füllstoff hauptsächlich in Beschichtungen eingesetzt, die eine hohe Verschleißfestigkeit aufweisen müssen.

Haupteinsatzgebiete sind Straßenmarkierungsfarben und Fußbodenlacke.

Kaolin

Dieser aus einem ebenfalls natürlich vorkommenden Mineral gewonnene Füllstoff besteht aus tablettenförmigen Teilchen. Kaoline gibt es in sehr weißen und feinen Qualitäten. Haupteinsatzgebiet sind die Nass-in-Nass- und die Einbrennfüller für die Autoserienlackierung, in denen Kaolin dank seiner Teilchenform eine Barrierefunktion übernehmen kann, ohne jedoch den Decklackstand negativ zu beeinflussen. Kaoline finden Verwendung aber auch in vielen anderen Grundmaterialien, meistens in Kombination mit Blanc-Fixe.

Talkum

Talkum ist der weichste aller Füllstoffe (Härte 1 nach Mohs) und derjenige, der die ausgeprägteste Plättchenform aufweist. Das Mineral Talkum lässt sich jedoch nicht so fein vermahlen wie z.B.Kaolin und scheidet deshalb für den Einsatz in den meisten Nass-in-Nass-Systemen und Einbrennfüllern aus. Andererseits eignet sich Talkum aufgrund seiner optimalen Barrierewirkung und seiner hervorragenden Schleifbarkeit für nahezu alle Spachtel und Füller, namentlich jene, die anschließend geschliffen werden sollen. Talkum hat außerdem das stärkste Mattiervermögen aller Füllstoffe.

Bariumsulfat

Natürlich gewonnenes Bariumsulfat wird – unter der Bezeichnung Schwerspat – als relativ preiswerter Füllstoff vor allem in Spachteln und Dispersionsfarben eingesetzt. Größere Bedeutung haben jedoch die künstlich hergestellten Varianten, als Blanc-Fixe bekannt. Diese Produkte weisen eine sehr kompakte Kornform auf und lassen sich in beliebigen Kornfeinheiten, bis hin zu mikrofeinen, hochtransparenten Typen herstellen. Blanc-Fixe wird – in Kombination mit plättchenförmigen Füllstoffen – in fast allen Grundmaterialien eingesetzt, um die Packungsdichte zu optimieren.

Calciumcarbonat

In seinen amorphen Varianten auch einfach Kreide genannt, in kristalliner Form unter dem Namen Calcit im Einsatz, ist dies der preiswerteste aller Füllstoffe und somit besonders geeignet, wenn es um Preisreduzierungen durch Ersatz von Weißpigment geht. Leider sind Calciumcarbonate nicht säurebeständig und zeigen deshalb eine gewisse Anfälligkeit gegen Industrieatmosphäre. Dennoch gelten sie mit als die wichtigsten Füllstoffe für den Baufarbenbereich und werden auch in vielen Industrielacksystemen eingesetzt, vor allem dort, wo der Preis eine besondere Rolle spielt.

2.6 Pigmente

2.6.1 Allgemeines

Pigmente sind pulverförmige, im Anstrichstoff unlösliche Farbmittel. In dieser Eigenschaft unterscheiden sie sich eindeutig von den **Farbstoffen**, bei denen es sich um lösliche Farbmittel handelt.

In Lacken werden fast ausschließlich Pigmente eingesetzt, weil die Farbstoffe in bezug auf Licht- und Wetterbeständigkeit den Pigmenten in der Regel deutlich unterlegen sind. Die Hauptaufgabe der Pigmente besteht darin, dem Anstrichstoff, in dem sie eingebettet sind, ihre eigene unbunte oder bunte Farbe zu verleihen.

Die unbunten Farben sind Weiß, Schwarz und alle Grautöne, das heißt solche, die man durch unterschiedliche Intensitäten des weißen Lichtes erzeugen kann, während die bunten Farben eine charakteristische eigene Farbigkeit aufweisen, durch die sie sich - unabhängig von ihrer Helligkeit - jeweils unterscheiden, z.B. Rot, Blau, Grün usw.

Bevor wir uns den physikalischen Mechanismen zuwenden, auf denen die Farbenentstehung durch die Pigmente basiert, sollten wir uns zuerst kurz mit der Sinnesempfindung „Farbe" beschäftigen.

2.6.2 Was ist Farbe?

Farbe ist keine objektive physikalische Größe, sondern die komplexe Reaktion des Gehirns auf den Reiz, der durch **„sichtbares Licht"** in unserem Auge hervorgerufen wird. Das sichtbare Licht besteht aus einem sehr kleinen Teil jener elektromagnetischen Strahlung, welche sich überall in der Natur in Wellenform ausbreitet. Die Länge der elektromagnetischen

Wellen kann je nach Strahlungsart sehr unterschiedlich sein. Nur Strahlung mit Wellenlängen zwischen 380 und 750 nm (1 nm = 10^{-9} m) gehört zum sichtbaren Licht und kann folglich in unserem Auge einen Farbreiz verursachen und somit die Sinnesempfindung „Farbe“ hervorrufen.

Alle anderen Strahlungsarten, wie z.B. die Röntgen-Strahlung, die ultraviolette und die Infrarot-Strahlung, die Mikrowellen und die Fernseh- und Funkwellen, werden vom Menschen nicht, wie das Licht, unmittelbar wahrgenommen.

Farbentstehung

Die Strahlung, die einen Farbreiz hervorrufen kann, entsteht in Lichtquellen. Wenn diese Strahlung direkt von der Lichtquelle in unser Auge gelangt, spricht man von „Selbstleuchtern“. Wichtige Beispiele von Selbstleuchtern sind die Leuchtreklamen und der Farbfernseher. Trifft die Strahlung zuerst auf einen Körper, der selbst kein Licht aussendet, aber in der Lage ist, Lichtstrahlen, die auf ihn treffen, durch Reflexion ganz oder zum Teil weiterzuleiten, dann spricht man von „Körperfarben“. Bei den Körperfarben gelangt das von einer Lampe, der Sonne usw. ausgehende Licht also nur indirekt ins Auge.

Da alle Lacke und die mit ihnen beschichteten Oberflächen in diesem Sinne Körperfarben darstellen, ist für den Lackfachmann nur diese Möglichkeit der Farberzeugung von Bedeutung. Neben einer geeigneten Strahlung ist für das Farbensehen natürlich auch ein funktionsfähiges Auge Voraussetzung.

Tages- und Dämmerungssehen

Im Folgenden werden kurz die physiologischen Vorgänge erläutert, die sich im Auge abspielen (Abbildung 10). Das Licht tritt ins Auge durch die Hornhaut und wird mit Hilfe der Linse auf der Netzhaut fokussiert. Auf der Netzhaut entsteht, wie in einem Fotoapparat, ein umgekehrtes Bild des beobachteten Körpers.

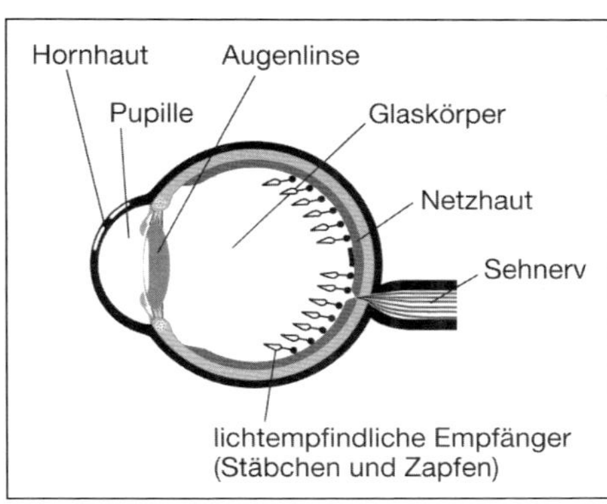

Abbildung 10: Menschliches Auge

Die Netzhaut ist auf ihrer gesamten Fläche mit lichtempfindlichen Empfängern ausgerüstet, die die Lichtenergie über sehr komplizierte biochemische Reaktionen in elektrische Energie umwandeln, welche als Nervenimpulse an das Sehzentrum des Gehirns weitergeleitet werden kann. Auf der Netzhaut gibt es zwei verschiedenartige lichtempfindliche Empfänger: die **Stäbchen** und die **Zapfen**.

Bei verhältnismäßig schwacher Beleuchtung (z.B. im Mondlicht) werden nur die Stäbchen angeregt. Sie reagieren nur auf die gesamte einfallende Strahlungsmenge und sind nicht in der Lage, die spektrale Zusammensetzung der Strahlung, welche für differenziertes Farbensehen maßgebend ist, selektiv auszuwerten. Bei sehr schwacher Beleuchtung kann das Auge also Körper nur als dunkle Silhouetten erkennen, ihre Farbe bleibt ihm verborgen. Auf dieser Tatsache beruht der Spruch „Nachts sind alle Katzen grau". Die Wirkungsweise der Stäbchen kann man vereinfachend mit der Schwarz-Weiß-Fotografie vergleichen.

Farbempfindlichkeit des Auges

Wenn bei der Beleuchtung eines Körpers die Lichtintensität zunimmt, schaltet das Auge vom reinen Stäbchensehen auf das Zapfensehen um, bei dem der Mensch Farben erkennen kann. Für den Farbsehvorgang im menschlichen Auge sind ausschließlich die Zapfen verantwortlich. Es gibt davon drei Typen: rotempfindliche, grünempfindliche und blauempfindliche.

Je nach Zusammensetzung der einfallenden Strahlung werden diese drei Rezeptorenarten (Rezeptor = Empfänger) unterschiedlich stark angeregt. Die elektrischen Impulse, die sie jeweils erzeugen und die vom Sehnerv an das Sehzentrum weitergeleitet werden, transformiert das Gehirn zu einem Gesamtfarbeindruck. Deshalb ist es generell möglich, Farben mit Hilfe von drei Zahlen zu beschreiben, die für den **Rot-, Grün- und Blauanteil** stehen.

Auf diesem Prinzip basieren alle Methoden der Farbmessung (Farbmetrik), welche sich in den modernen Lackfabriken längst als unverzichtbare Hilfsmittel etabliert haben, zur Farbtonbeurteilung ebenso wie zur Farbrezepturberechnung.

Farbfehlsichtigkeiten

Ob man eine Farbe „richtig" sieht, hängt naturgemäß davon ab, ob die verschiedenen Rezeptorenarten im Auge einwandfrei arbeiten. Tun sie es nicht, dann entsteht Farbfehlsichtigkeit. Die Farbfehlsichtigkeit ist, vor allem unter den Männern, weiter verbreitet als vielfach angenommen. So verwechseln viele Personen Rot und Grün, weil ihnen beide Farben grau erscheinen. Zuverlässige Aussagen über die Farbsehtüchtigkeit liefern genormte Farbsehtests, zunehmend eingesetzt bei der arbeitsmedizinischen Eignungsbeurteilung von Personen für farbrelevante Tätigkeiten (z.B. Nuancieren).

2.6.3 Lichtstreuung und Lichtabsorption

Was bewirken nun konkret in einem Anstrichstoff die Pigmente, um ihrer Funktion als **Farbmittel** gerecht zu werden? Trifft Lichtstrahlung auf eine lackierte Oberfläche, so verändert sie sich in irgendeiner Weise, bevor sie in unser Auge gelangt. Diese Veränderung wird maßgeblich von Art und Menge der Pigmente bestimmt, die in der Lackschicht eingebettet sind und sie ist ausschlaggebend für den Farbeindruck, den wir davon erhalten.

Hierbei werden zwei physikalische Mechanismen wirksam, die **Lichtstreuung** und die **Lichtabsorption**. Sie können, je nach Art der Pigmentierung des Anstrichstoffes, einzeln oder zusammen eine Rolle spielen.

Brechzahleinflüsse

Bei der **Lichtstreuung** handelt es sich um eine reine Ablenkung, also Richtungsänderung von Lichtstrahlen. Die Phänomene wurden bereits im Zusammenhang mit den Füllstoffen angesprochen (s. S. 46). Maßgebend für die Streufähigkeit eines Pigmentes in der Beschichtung ist die Differenz der Brechzahlen von Pigment und umliegendem Filmbildner. Die Brechzahl ist der zahlenmäßige Ausdruck der „optischen Dichte" eines Stoffes und für jede Substanz eine charakteristische Stoffkonstante, messbar z.B. mit Hilfe eines Refraktometers.

Aufschlussreich ist dazu eine Gegenüberstellung der Brechzahlen einiger wichtiger Füllstoffe und Weißpigmente und verschiedener Medien.

Hier wird sofort klar, warum Bariumsulfat sich in den meisten Medien wie ein Füllstoff verhält, während Titandioxid grundsätzlich ein gut färbendes und deckendes Weißpigment ist. Erst wenn die Brechzahldifferenz (relative Brechzahl) zum umliegenden Medium mindestens 0,5 beträgt, tritt im System eine nennenswerte Lichtstreuung auf.

Der Versuch, an dieser Stelle dem Leser die Auswirkungen der Lichtstreuung mit Hilfe der Reflexionsgesetze zu erklären, würde sicher zu weit führen. Als einfache Erläuterung sollte hier die Erkenntnis genügen, dass das streuende Pigmentteilchen ein auftreffendes Lichtstrahlenbündel

Füllstoff bzw. Weißpigment	Brechzahl bei 550 nm	verschiedene Medien	Brechzahl bei 550 nm
Bariumsulfat	1,64	Luft	1,00
Lithopone	1,84	Wasser	1,33
Bleicarbonat	1,94	Leinöl	1,47
Zinksulfid	2,37	Alkydharz	1,55
TiO_2, Rutil	2,75	Melaminharz	1,55

in unzählige Teilstrahlen aufsplittern und diese nach allen Richtungen reflektieren kann, so dass um das Teilchen eine Art „Lichthülle“ entsteht. In Abbildung 11 wird dies am Beispiel eines Weißpigmentes dargestellt.

Deckvermögen

Daraus kann man erkennen, dass das weiße Licht vom Pigment (in unveränderter Farbe) nach allen Richtungen zurückgeworfen wird, so dass keine Strahlen durch die Lackschicht bis zum Untergrund gehen und, von diesem reflektiert, dann wieder ins Auge gelangen können. Auf diese Weise entsteht das **„Deckvermögen“**, definiert als die Fähigkeit einer Lackschicht, die Farbe des Untergrundes zu kaschieren.

Neben der Brechzahl beeinflusst auch die Teilchengröße eines Pigmentes sein Streuvermögen. Zunächst steigt die Streuintensität (ebenso wie das Deckvermögen) mit abnehmender Teilchengröße des Pigmentes, das heißt

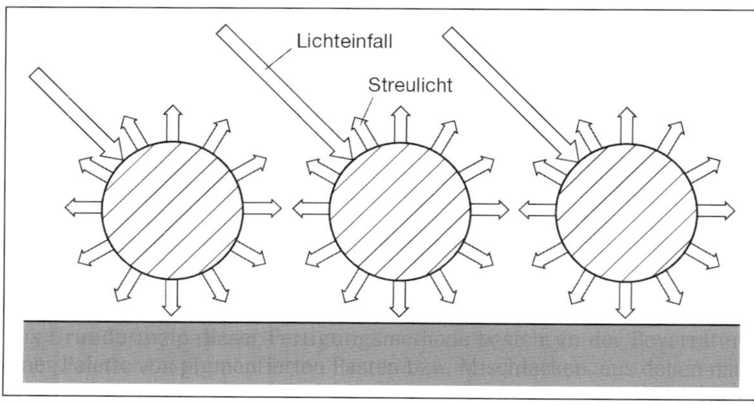

Abbildung 11: Lichtstreuung an einem Weißpigment

mit Zunahme der Dispergierung. Wird jedoch ein bestimmter optimaler Teilchendurchmesser unterschritten, so nimmt das Deckvermögen ab und das Pigment erscheint zunehmend transparenter. So ist es möglich, die sonst sehr gut deckenden Titandioxide und Eisenoxidpigmente durch gezielte Unterschreitung des optimalen Teilchendurchmessers - von ca. 200 nm - auch als transparente Pigmente herzustellen.

An dieser Stelle sei erwähnt, dass die aus Erdölprodukten gewonnenen **organischen Pigmente** und die **Ruße** von Haus aus so feinteilig sind, das sie kaum Streuvermögen aufweisen. Dagegen bestehen die als **anorganische Pigmente** bezeichneten Metalloxide und -chromate (z.B. Titandioxid, Eisenoxid, Chromgelb usw.) aus deutlich gröberen Teilchen und weisen somit ein gutes Streuvermögen auf.

Filtereffekte

Lichtabsorption tritt dann auf, wenn Pigmente bestimmte Wellenlängen-Anteile des weißen Lichtes „herauszufiltern" vermögen und sie dann, durch Umwandlung in Wärme, optisch unwirksam werden lassen.

Um die Auswirkungen der Absorption richtig zu verstehen, sollten wir uns zuerst mit der Zusammensetzung des „weißen Lichtes" beschäftigen. Wie Newton 1672 experimentell zeigte, wird das weiße Sonnenlicht durch ein Glasprisma in ein **Spektrum** leuchtender, gesättigter Farben, und zwar von Violett über Blau, Grün, Gelb, Orange bis Rot aufgespalten, wie wir es vom Regenbogen her kennen. Mit anderen Worten, das uns weiß erscheinende Licht ist in Wirklichkeit ein Gemisch bunter Spektrallichter.

Jedes einzelne Spektrallicht weist eine bestimmte Wellenlänge auf, welche in unserem Auge einen ganz bestimmten Farbreiz erzeugt, d.h. jedes Spektrallicht hat eine charakteristische Spektralfarbe. Die Summe der Farbreize aus allen Spektralfarben ergibt die Farbe Weiß. Wird ein Teil der Spektrallichter, aus denen das weiße Licht zusammengesetzt ist, von einem Körper (z.B. einer lackierten Oberfläche) absorbiert, so ist die Farbe des übrigbleibenden Lichtes nicht mehr weiß, sondern hat eine andere Farbe (üblicherweise Komplementärfarbe genannt) angenommen, die wir als die Farbe des Objektes empfinden.

Praxisbeispiel

Das Absorptionsprinzip sei am Beispiel eines roten Lacks in Abbildung 12 veranschaulicht. Vom im Lack enthaltenen Pigment werden nur die roten Anteile des Lichtspektrums übriggelassen und reflektiert, die anderen dagegen werden absorbiert und sind somit für das Auge nicht mehr sichtbar. Das Auge erkennt also **Rot** als Farbe dieser Beschichtung. Im dargestellten Beispiel wurde von einem Rotpigment ausgegangen, das nicht nur Licht zu absorbieren vermag, sondern auch ein ausreichendes Streuvermögen aufweist, um die übriggelassenen roten Lichtstrahlen ins Auge zu reflektieren.

Wir haben jedoch bereits erwähnt, dass es auch andere Rotpigmente gibt (z.B. die meisten organischen Typen), die so feinteilig sind, dass sie kaum streuen können und praktisch transparent erscheinen. Um ihre Farbe zu zeigen, müssen diese feinteiligen Pigmente mit einem streuenden Partner kombiniert werden, der die nicht absorbierten roten Spektrallichter zurückwerfen kann.

In Uni-Farbtönen übernehmen in der Regel ein Weißpigment und in Metallics die Aluminium-Pigmente diese Aufgabe. Diese „Arbeitsteilung" wird in Abbildung 13 am Beispiel eines Metallic-Lackes illustriert. Diese Zusammenhänge gelten natürlich nicht nur für Rotpigmente, sondern auch für alle anderen Buntpigmente.

Farbstärke

Bunte Farben entstehen also durch das Zusammenwirken von selektiver Lichtabsorption und Lichtstreuung. Weiß wird dagegen ausschließlich durch Lichtstreuung verursacht, d.h. das gesamte weiße Licht wird unverändert zurückgeworfen. Bei Schwarz schließlich findet nur Lichtabsorption statt. Alle Spektralfarben des weißen Lichtes werden dann absorbiert und in Wärme umgewandelt. (Wer möchte gern im Sommer in einem nicht klimatisierten schwarzen Auto sitzen?!) Schwarz ist nichts anderes als das Fehlen von Licht.

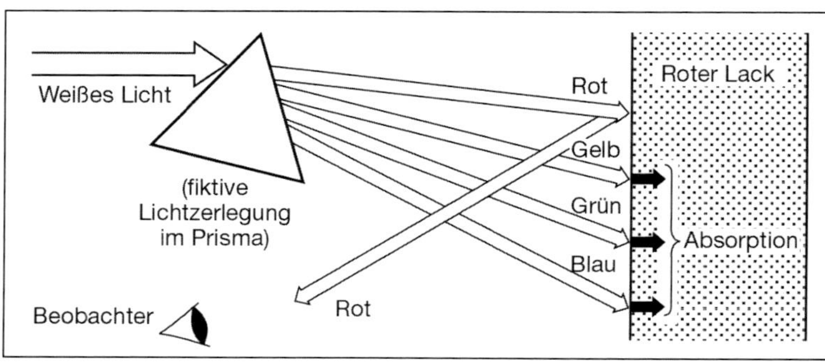

Abbildung 12: Lichtabsorption an einem roten Unilack

Bei Buntpigmenten (aber auch bei Schwarz), also bei solchen Pigmenten, die Licht absorbieren, ist der Begriff **Farbstärke** (oder Färbevermögen) von großer Bedeutung. Darunter versteht man die - sich vor allem in Pigmentgemischen auswirkende - Fähigkeit eines Pigments, mit seiner Farbe zu dominieren. Diese Eigenschaft hängt ganz entscheidend davon ab, wie stark sich das Absorptionsvermögen des betrachteten Pigmentes ausnutzen lässt.

Teilchengrößeneinfluss

Wie in Abbildung 14 schematisch dargestellt, ist der Wirkungsgrad der Absorption um so größer, je kleiner die Pigmentteilchen sind.

So seien einmal fünf kleine Teilchen durch ein schematisch angedeutetes Lichtstrahlenbündel aus fünf Strahlen getroffen (links). Jedes Teilchen wird optisch voll wirksam, indem es einen Wellenlängenbereich des Spektrums absorbiert und den Rest durchlässt. Lassen wir das Lichtstrahlenbündel unverändert und vereinigen die fünf Teilchen zu einem großen (z.B. bei unzureichender Dispergierung), dann gehen zwei Strahlen ungenutzt vorbei (rechts).

Ein Strahl trifft das große Teilchen in der Mitte, wo es so dick ist, dass überhaupt kein Licht durchgelassen wird. Nur die Randzonen des großen Teilchens werden wirksam. In diesem Beispiel werden also insgesamt ca.

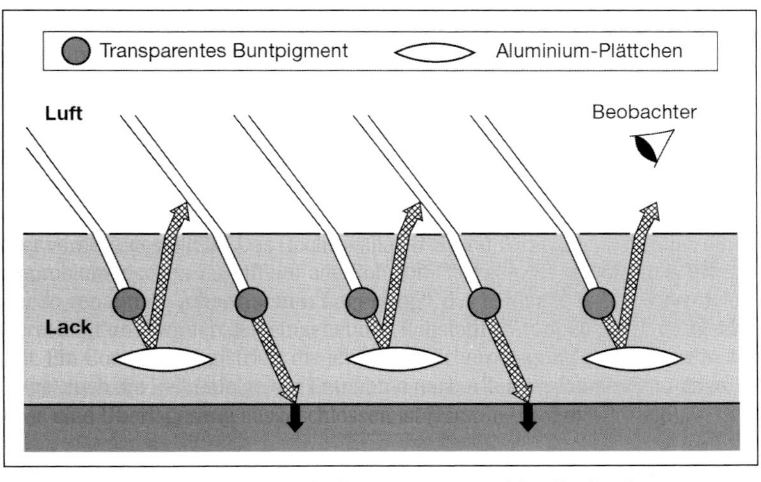

Abbildung 13: Absorption und Reflexion an einem Metallic-Lack

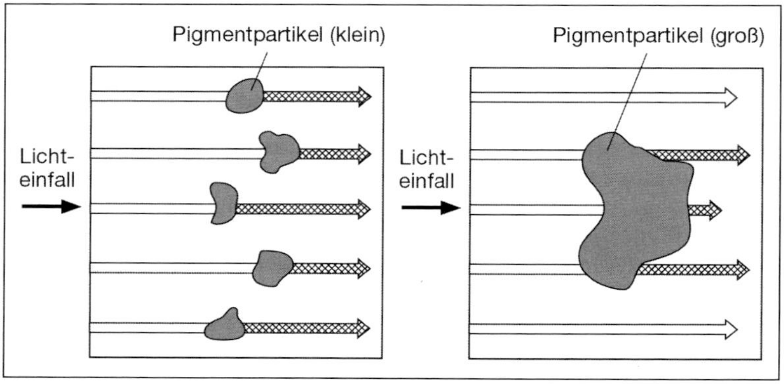

Abbildung 14: Ausnutzung des Absorptionsvermögens

60 % der Farbstärke verschenkt. Die Tatsache, dass die dicksten Stellen des Pigmentteilchens für die Lichtstrahlen fast undurchläßig sind, bedingt außerdem, dass diese Bereiche schwarz erscheinen. Solche „schwarzen" Zonen ergeben zusammen mit den ungenutzten weißen Lichtstrahlen einen Graustich, der den Farbton „schmutzig" erscheinen lässt.

Fazit

Zusammenfassend kann man also feststellen: Je besser ein Buntpigment dispergiert ist, desto höher wird seine Farbstärke sein und desto reiner erscheint sein Farbton. Mit nicht ausreichend dispergierten Pigmenten ist man kaum in der Lage, brillante Farbtöne nachzustellen. Dies ist ganz besonders bei Metallic-Farbtönen von Bedeutung, da hierbei nicht ausreichend bis zur Transparenz ausgeriebene Pigmente die reflektierenden Aluminium-Plättchen verdecken und außerdem ihre optimale horizontale Ausrichtung beeinträchtigen würden.

Anhand dieser Beobachtungen erscheint verständlich, weshalb die Dispergierung der Pigmente als der mit Abstand aufwendigste Prozessschritt der gesamten Lackfertigung gilt.

2.6.4 Wichtige Pigmentgruppen

Im Folgenden werden die wichtigsten Pigmente aus anwendungstechnischen Gründen nicht nach chemischem Aufbau sondern nach dem Farbton eingeteilt.

Weiß

In dieser Gruppe gibt es praktisch nur ein Pigment von technischer Bedeutung und das ist Titandioxid. Es lässt sich auf verschiedene Weise nachbehandeln, so dass eine optimale Einstellung der Pigmenteigenschaften auf die verschiedensten lacktechnischen Anforderungen möglich wird. Dank seiner besonders hohen Brechzahl (s. S. 52) hat Titandioxid früher so bedeutende Weißpigmente wie Lithopone, Zinkweiß und Bleiweiß fast völlig verdrängt.

Neben den gut deckenden und stark aufhellenden Weißpigment-Sorten werden inzwischen auch transparente Varianten (Mikrotitane) für den Einsatz im Metallic-Bereich oder sogar nanoskalige Titandioxide (Nanotechnologie) für Spezialanwendungen, wie die UV-Absorber-Funktion in Holzlasuren oder die bakterientötende Aktivität in Farben mit selbsteinigender Wirkung, angeboten.

Schwarz

Wichtigster Vertreter dieser Gruppe ist der Ruß. Dieses Pigment besteht aus reinem Kohlenstoff und wird durch Verbrennen organischer Stoffe wie Öl, Erdgas usw. unter Sauerstoffmangel erzeugt. Die verschiedenen Rußtypen unterscheiden sich in ihrer Teilchengröße, aber auch im Farbstich. Neben Ruß haben nur noch Eisenoxid- und Spinellschwarzpigmente für spezielle Anwendungsgebiete Bedeutung.

Blau

Auf diesem Gebiet dominieren die organischen Pigmente, in erster Linie die Phthalocyaninblaus. Aber auch die hochwertigen und sehr teuren Indanthronblaus haben sich wichtige Einsatzgebiete erobert (z.B. Zweischicht-Metallics). Andere Pigmente wie Kobalt- und Ultramarinblau kommen im Lackbereich heutzutage nur noch selten zur Anwendung.

Violett

Diese Gruppe besteht aus einem einzigen Vertreter. Es handelt sich um das extrem farbstarke Dioxazinviolett, welches zu den hochwertigen organischen Pigmenten zählt und somit praktisch alle Qualitätsanforderungen erfüllt. Er wird gleichermaßen für den Metallic- wie für den Uni-Bereich eingesetzt.

Grün

Führend sind - wie bei den Blaupigmenten - auch hier Phthalocyanintypen. Eine gewisse Bedeutung besitzt auch das gut deckende und hochbeständige anorganische Chromoxidgrün.

Gelb

Die Palette der Gelbpigmente ist sehr breit. Unter den anorganischen Verbindungen sind vor allem Eisenoxidgelb sowie Chromgelb, Nickeltitangelb und Bismutvanadat zu erwähnen.

Das Chromgelb war früher eines der wichtigsten Gelbpigmente überhaupt, es verliert aber wegen seines hohen Gehaltes an Blei (giftig!) immer mehr an Bedeutung, wobei Chrom- und Nickeltitangelb, sowie Bismutvanadat sich als gut deckende bleifreie Alternativen anbieten.

Im organischen Bereich ist das Angebot an Gelbpigmenten so groß, dass ihre Besprechung in diesem Rahmen nicht möglich ist. Als grobe Orientierungshilfe sei nur erwähnt, dass die große Gruppe der Azo-Pigmente mehr den unteren bis mittleren Echtheitsbereich abdeckt, während die hochwertigeren Typen eher unter den so genannten polycydischen Pigmenten (Küpenpigmente) zu finden sind.

Orange und Rot

Auch in dieser Gruppe sind sehr viele verschiedene Pigmenttypen vertreten. Von den anorganischen Pigmenten dominiert Eisenoxidrot in der allgemeinen Anwendung. Gegen den Einsatz des bleihaltigen Molybdatrot bestehen ähnliche Einwände wie beim Chromgelb. Im organischen Bereich ist die Palette noch größer als bei den Gelbpigmenten. Neben Azo- und Küpenrots sind die Chinacridone und Perylene wegen ihrer hohen Beständigkeit vor allem für Metallics von besonderer Bedeutung.

Aluminium-Pigmente

Es sind mit Abstand die wichtigsten Metall-Effektpigmente, und sie spielen vor allem im Autolackbereich eine sehr große Rolle. Die Aluminium-Pigmente bestehen generell aus extrem dünnen Plättchen reinen Aluminiums. Die Qualität des Metalleffektes eines solchen Pigmentes, also Helligkeit, Brillanz, Flopeigenschaften, Deck- und Färbevermögen, werden im Wesentlichen von der Teilchengröße und von der Regelmäßigkeit der Teilchenform bestimmt.

Das ist der Grund, weshalb Alu-Pigmente in den Lack nur unter schonenden Bedingungen (Langsam laufender Rührer! Kein Dissolver!) eingearbeitet werden dürfen. Eine zu starke mechanische Beanspruchung der dünnen Alu-Plättchen kann zu deren Verformung oder auch anderweitig zu einer „Vergrauung“ des Metalleffektes führen. Mehr dazu unter „Besonderheiten bei der Dispergierung von Metallics und Pearls“ (s. S. 109).

Spezielle Effektpigmente

Perlglanzpigmente bestehen aus Glimmerplättchen, die in speziellem Prozess mit einem äußerst dünnen und sehr gleichmäßigen Metalloxidüberzug versehen werden. Diese Metalloxid-Schichten vermögen, nach einem komplexen physikalischen Mechanismus, sog. Interferenzfarben zu erzeugen, welche dem Lack ein perlmuttähnliches Aussehen verleihen. In Metallic-Farbtönen werden Perlglanzpigmente oft mit Alu-Pigmenten kombiniert.

Die steigende Nachfrage nach ausgefallenen individuellen Farbtönen sowohl im Fahrzeugbereich als auch im Einrichtungs- und Produkt-Design hat zu einer stürmischen Entwicklung komplexer und oft auch teurer effektgebender Pigmente geführt, die hier nicht im Einzelnen besprochen werden können. Die Palette reicht von Flüssigkristallen bis hin zu Mehrschichtpigmenten mit oft verblüffenden optischen Eigenschaften.

3 Lackstabilität: Ein Balanceakt

3.1 Allgemeines

Es wurde bereits erwähnt, dass Anstrichstoffe in der Regel komplex aufgebaute Systeme sind, zusammengesetzt aus vielen, sehr unterschiedlichen Komponenten. Diese **Unterschiedlichkeit** betrifft nicht nur den chemischen Charakter der Lackrohstoffe, wie zum Beispiel ihre Vernetzungsfähigkeit, ihre saure oder alkalische Natur, ihre Licht- und Wetterbeständigkeit usw., sondern in hohem Maße auch ihr **physikalisches Verhalten**, das heißt Eigenschaften wie Löslichkeit, Viskosität, Verträglichkeit, Benetzung, welche Erscheinungsbild und Verarbeitbarkeit des Anstrichstoffes entscheidend mitbestimmen.

Im fertigen Beschichtungsstoff müssen die einzelnen Lackkomponenten eine stabile Mischung ergeben, die auch nach längerer Zeit die gleichen Eigenschaften aufweisen sollte wie unmittelbar nach der Herstellung des Lackes. Dies gilt insbesondere für pigmentierte Systeme, bei denen jede Veränderung des Gleichgewichtszustandes der Lackbestandteile fast automatisch auch zu bleibender Farbtonverschiebung führt.

Das Ziel, die stabile Mischung der Lackkomponenten, ist oft viel schwieriger zu erreichen und erfordert mehr Aufwand, als man im ersten Moment annehmen könnte, da hier Stoffe zu einander „passend" gemacht werden müssen, welche sich von Natur aus eher abstoßen würden. Insofern ist es gerechtfertigt, im Zusammenhang mit der Lackstabilität von einem Balanceakt zu sprechen.

Hier ist es wichtig zu erwähnen, dass bestimmte Fehler bei der Lackherstellung die Stabilität entscheidend beeinträchtigen können, was sich vielfach erst längerfristig bemerkbar macht. Im Zusammenhang mit der Lackherstellung wird deshalb auch auf die wichtigsten Fehlerquellen aufmerksam gemacht (s. S. 112).

Paolo Nanetti: Lack für Einsteiger

ISBN: 978-3-86630-881-7

3.2 Physikalische Wechselwirkungen im Lack

3.2.1 Lösungsvorgänge

Die meisten Filmbildner liegen im festen Ausgangszustand vor und müssen vor der Weiterverarbeitung zuerst gelöst werden, es sei denn, sie sind für den Einsatz in Pulverlacken vorgesehen. Das Lösen kann bereits beim Bindemittelhersteller stattfinden, der in diesem Falle den Lackfirmen fertige Bindemittellösungen oder Dispersionen liefert, andernfalls muss es beim Lackhersteller erfolgen. Das ist keineswegs ein Nachteil, denn so hat die Lackfirma dann die Chance, „maßgeschneiderte“ Lösungen anzufertigen, die optimal auf ihre Lackrezepturen abgestimmt sind und als so genannte **Halbfabrikate** bevorratet werden können.

Lösemittelwahl

Die richtige Lösemittelwahl ist hierbei entscheidend für die Stabilität, die Verträglichkeit, aber auch für die Benetzungseigenschaften und die Viskosität der Lösungen. Wir haben den Begriff Polarität bei der Diskussion über die Lösemittel (s. S. 37) bereits erläutert und außerdem deren Einteilung in unpolare, mittelpolare und polare Typen vorgenommen. Dabei wurde auch der Grundsatz angesprochen, dass Lösemittel nur Filmbildner ähnlicher Polarität lösen können. Was aber passiert konkret beim Lösevorgang?

Die Filmbildnermoleküle können, genau wie die Lösemittelmoleküle, je nach chemischem Aufbau unterschiedlich starke Dipole aufweisen. Wie erwähnt, bestehen Dipole aus Atomgruppierungen, die - ähnlich einer Batterie -, einen (+)- und einen (-)-Pol aufweisen. Aus den Grundlagen der Physik dürfte bekannt sein, dass sich positive und negative elektrische Ladungen gegenseitig anziehen. Auf dieser Erkenntnis basiert jeglicher Zusammenhalt der Materie (Kohäsionskräfte).

Der feste Filmbildnerzustand beruht auf den Anziehungskräften zwischen den unzähligen (+)- und (-)-Polen innerhalb der meisten sehr großen Bindemittelmoleküle. Je stärker sich diese Kräfte entfalten können, desto wirksamer halten sich die Filmbildnermoleküle gegenseitig fest. So entsteht ein starres, unbewegliches System mit den typischen Eigenschaften der festen Materie. Wenn wir daraus ein flüssiges Material herstellen wollen, müssen wir die Filmbildnermoleküle gewissermaßen voneinander „befreien“, damit sie sich ungehindert bewegen können. Dies geschieht mit Hilfe der Lösemittel.

Beim Lösevorgang werden die (+)- und (-)-Pole der Lösemittelmoleküle von den entgegengesetzt geladenen Polen der Filmbildnermoleküle (wie von „Magneten“) angezogen und festgehalten. Auf diese Weise lagern sich die kleineren Lösemittelmoleküle an die vergleichsweise riesigen Bindemittelmoleküle. Bei diesem Vorgang tritt gleichzeitig eine Entkoppelung der Filmbildnerteilchen ein und es kommt zur Bildung so genannter Solvatationshüllen durch die Lösemittel um die freigewordenen Teilchen. Dank der **Solvatationshüllen** erscheinen die Bindemittelmoleküle so voneinander abgeschirmt, dass sie sich nicht mehr gegenseitig anziehen und frei in der Lösung „schwimmen“ können. So also wechselt der Filmbildner aus dem festen in den gelösten Zustand. Dieser Vorgang ist in Abbildung 15 schematisch dargestellt.

Die Moleküle des Lösemittels sind durch Punkte und die des Bindemittels durch Schlangenlinien dargestellt. Zunächst die Situation vor dem Lösen (a): Die Filmbildnermoleküle sind miteinander verknäuelt und halten sich durch ihre elektrischen Anziehungskräfte gegenseitig fest. Anders ist es beim Vorgang der Solvatation (b). Die Lösemittelmoleküle dringen in den Knäuel ein und setzen sich, mit Hilfe ihrer Dipole, auf den Bindemittelmolekülen fest. Gleichzeitig findet die Entkoppelung der einzelnen Filmbildnermoleküle statt. Abermals unterschiedlich zeigt sich die fertige Lösung (c). Die Bindemittelmoleküle sind jetzt, dank der Abschirmung durch das Lösemittel (Solvatationshülle), frei beweglich geworden und „schwimmen“ nun in der Lösung.

Die Zerteilung gelingt jedoch nicht immer bis zum molekularen Zustand des Filmbildners. Je nachdem welcher Verteilungszustand des Filmbildners im Lösemittel erreicht wurde, unterscheidet man zwischen **echten**

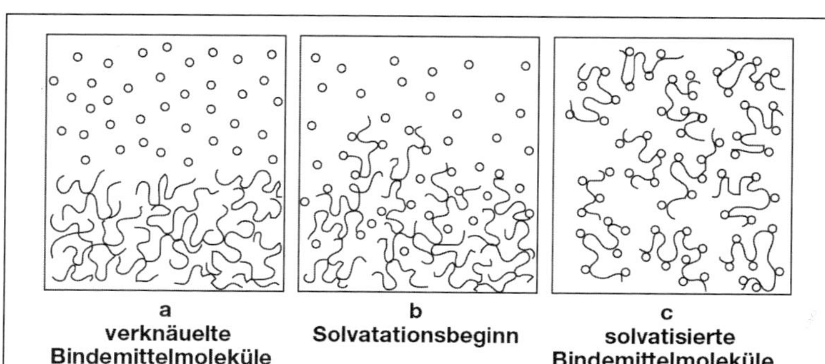

Abbildung 15: Solvatationsvorgang

Lösungen (Teilchen kleiner als 0,01 µm), **kolloidalen Lösungen** (Teilchen zwischen 0,01 und 0,1 µm) und Dispersionen (Teilchen größer als 0,1 µm). Den **Dispersionen** kommt in der Lacktechnologie eine besondere Bedeutung zu, wie wir in Kürze sehen werden, aber zunächst zurück zu den Lösemitteln.

Der Grund, weshalb Lösemittel nur Bindemittel ähnlicher Polarität zu lösen vermögen, liegt darin, dass sich nur ähnlich starke Dipole ausreichend anziehen und dauerhaft gegenseitig festhalten können. Diese Tatsache ist von entscheidender Bedeutung bei der Auswahl der richtigen Lösemittel. Durch nachträglichen Zusatz eines „falschen" Lösemittels kann man sogar eine bereits erzielte Lösung wieder rückgängig machen, so dass gelöstes Bindemittel aus der flüssigen Phase in fester Form ausfällt. Dies kann durchaus unbeabsichtigt im Verlauf der Lackfertigung vorkommen, und zwar wenn man z.B. Rohrleitungen von Lösemitteln verwechselt oder Schläuche und Pumpen vor ihrem Einsatz nicht ausreichend durchspült.

Viskosität

Nun folgen einige Betrachtungen bezüglich der Viskosität von Lösungen. Die Viskosität einer Lösung wird im Wesentlichen von der Art der Lösemittel und der Größe der Bindemittelmoleküle (Molmasse) bestimmt. Je mehr die Polarität des Lösemittels auf die des Bindemittels abgestimmt ist, desto besser kann das Lösemittel die Filmbildnermoleküle solvatisieren. Eine vollständige Solvatationshülle sorgt dafür, dass die Anziehungskräfte unter Filmbildnerteilchen gänzlich aufgehoben werden, so dass diese in der flüssigen Phase ungehindert aneinander vorbei „fließen" können. Dies ist wiederum Voraussetzung für eine niedrige Viskosität der Lösung.

Kann das Lösemittel dagegen die Bindemittelmoleküle nicht optimal umhüllen, dann üben sie noch mehr oder weniger große Anziehungskräfte aufeinander aus und „bremsen" sich so gegenseitig. Dadurch wird das Fließen der Lösung erschwert, was eine entsprechend höhere Viskosität zur Folge hat. Durch falsche Lösemittelzusätze kann man also auch die Viskosität negativ beeinflussen!

Neben der Art der Lösemittel spielt aber, wie gesagt, auch die Größe der Filmbildnermoleküle eine entscheidende Rolle: Je größer die Moleküle eines Bindemittels sind, desto höher ist in der Regel auch die Viskosität seiner Lösungen. Denn im Gegensatz zu den kleineren haben die größeren Moleküle mehr Dipolstellen, über die sie sich anziehen und festhalten können. Ein weiterer Effekt kommt hinzu, um stabile Solvatationshüllen zu bilden, ist bei großen Bindemittelmolekülen mehr Lösemittel nötig als bei kleinen. Als Folge davon liegt in der Lösung weniger „frei schwimmendes" Lösemittel vor. Außerdem sind solvatisierte große Bindemittelmoleküle sperriger als kleine und stehen sich bei Fließvorgängen räumlich eher im Wege. Dies bedeutet, dass man in solchen Fällen entweder Lösungen mit einer höheren Viskosität akzeptieren muss, was aber verarbeitungstechnisch von Nachteil ist, oder Lösungen mit niedrigem Festkörper und viel Lösemittel einsetzt, was wiederum teuer und umweltbelastend ist.

Die bereits aufgezeigte Alternative, Produkte mit kleineren Bindemittelmolekülen zu verwenden, die man erst nach Applikation durch chemische Reaktionen in einen höhermolekularen Zustand überführt (s. Chemische Vernetzung, s. S. 27), ist nicht in allen Fällen praktikabel. Man denke beispielsweise an Fassadenfarben, bei denen eine Verarbeitung als Zwei-Komponenten- oder als Einbrennsystem nicht möglich ist. In solchen Fällen bieten **Dispersionen** oft die ideale Problemlösung. Sie haben den Vorteil, dass bei ihrer Herstellung die Bindemittelmoleküle nicht vollständig „entflochten" werden. Somit wird auch nur wenig Lösemittel vom Bindemittel aufgenommen und festgehalten, d.h. man erzielt hohe Festkörper bei niedriger Viskosität; Abbildung 16 veranschaulicht diesen Vorgang.

Man kann erkennen, dass ganze Bindemittelknäuel von außen mit einer flüssigen Dispergiermittelhülle überzogen wurden, während ihr Inneres unangetastet geblieben ist. Dies erfordert natürlich sehr viel weniger Flüssigkeit (in diesem Falle kann man nicht mehr von Lösemittel sprechen), als wenn jedes einzelne Bindemittelmolekül solvatisiert würde. Die solvatisierten „Filmbildnerkügelchen" können sehr gut übereinander rollen, haben also trotz des hohen Bindemittelfestkörpers eine große Mobilität, als Voraussetzung für eine niedrige Viskosität.

In Wirklichkeit ist die Herstellung von Dispersionen komplizierter, als es nach diesem vereinfachten Schema erscheinen könnte; zumindest

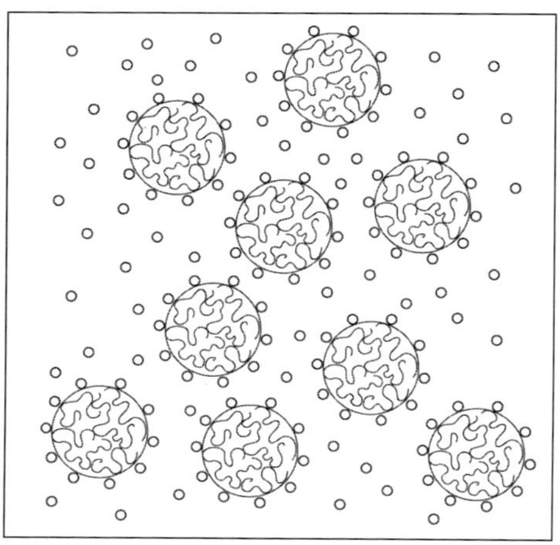

Abbildung 16: Schematische Darstellung einer Dispersion

erfordert sie die Anwendung verschiedener Additive (Emulgatoren, Schutzkolloide usw.).

Neben den erwähnten Vorteilen weisen die Dispersionen auch etliche Nachteile auf, die ihren allgemeinen Einsatz begrenzen. Immerhin haben die Dispersionen mit der aufkommenden Wasserlacktechnologie erheblich an Bedeutung gewonnen (vgl. „Lack und Umwelt“, s. S. 127).

3.2.2 Verträglichkeit unter den Lackrohstoffen

Rohstoffe gelten dann als miteinander verträglich, wenn sie bereitwillig eine **stabile Mischung** ergeben. Bei gut verträglichen Rohstoffen gibt es also keine Tendenz sich gegenseitig „abzustoßen“, mit allen diesbezüglichen Folgen. Denn umgekehrt führt **Unverträglichkeit** zu sichtbaren Entmischungserscheinungen wie Trübungen, Gelbildung, Ausfallen fester Bestandteile usw., die in vielen Fällen nicht mehr rückgängig gemacht werden können. Manche Lackrohstoffe sind mit anderen derart unverträglich, dass schon Spuren davon ausreichen können, große Lackmengen unbrauchbar zu machen. Klassisches Beispiel: Kraterbildung durch hochmolekulare Siliconöle!

Die Verträglichkeit von Stoffen beruht auf dem gleichen Prinzip, das auch ihre Löslichkeit ermöglicht. Gut verträglich sind in der Regel Bindemittel und Additive, deren Moleküle ähnlich polare Gruppen aufweisen; bei sehr unterschiedlichen Polaritäten sind sie dagegen oft nur bedingt verträglich oder ganz unverträglich.

Beim Rezeptieren von Anstrichstoffen kann man leider nur in begrenztem Umfang die Lackrohstoffauswahl von Verträglichkeitsaspekten abhängig machen. In vielen Fällen zwingt das geforderte Lackeigenschaftsprofil dem Techniker vorgegebene Rohstoffkombinationen geradezu auf. Hier hilft es nur, durch geschickten Einsatz von Lackhilfsmitteln oder von Lösemitteln, – auch bei nicht optimal verträglichen Komponenten – ein stabiles Gleichgewicht im Lackrezept zu erzeugen. Gerade die richtige oder die falsche Lösemittelwahl kann die Verträglichkeitssituation in einem Lacksystem entscheidend beeinflussen!

Nehmen wir als Beispiel ein Einbrennsystem, bestehend aus einem relativ unpolaren Alkydharz und einem polaren Melaminharz. In einem solchen System sind relativ große Mengen Butanol enthalten. Butanol spielt hier, wie Abbildung 17 veranschaulicht, eine regelrechte „Vermittlerrolle“ zwischen den beiden Filmbildnerkomponenten. Denn als Alkohol enthält es zum einen eine polare OH-Gruppe, die zum Melaminharz passt, zum anderen aber auch

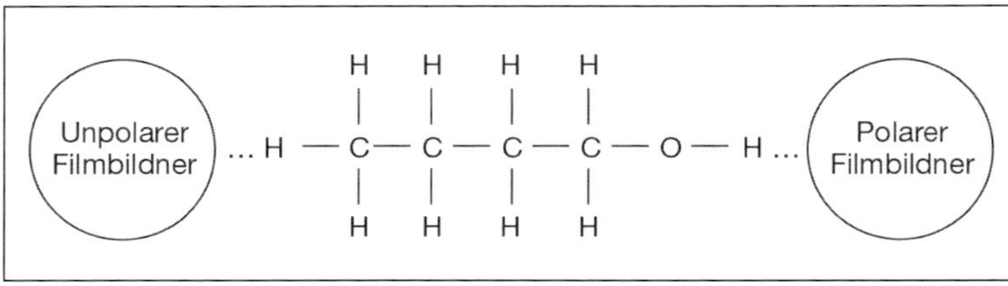

Abbildung 17: Vermittlerfunktion von Butanol

einen ausreichend großen unpolaren aliphatischen Rest, der gut mit dem Alkydharz verträglich ist.

Beim Austausch eines entsprechend hohen Anteils Butanol durch das sehr unpolare Testbenzin wäre entweder eine Trübung oder gar ein Ausfallen des Melaminharzes festzustellen, eben weil die Vermittlerfunktion des Butanols nicht mehr ausreichen würde. In diesem Zusammenhang muss an eine grundsätzliche Rezeptierregel erinnert werden, die vor allem für Einbrennsysteme von eminenter Bedeutung ist: Die Lösemittel, die im Trocknungsverlauf als letzte das System verlassen, müssen für alle Lackkomponenten echte Löser sein, damit sie bis zur Endphase der Filmbildung die Verträglichkeit aufrechterhalten können.

3.2.3 Benetzungseigenschaften

Von **Benetzung** spricht man, wenn sich Flüssigkeiten bereitwillig auf der Oberfläche von festen Stoffen ausbreiten und auf ihr haften bleiben. Im Falle der Lackherstellung sind die benetzenden Flüssigkeiten Bindemittellösungen, Lösemittel und Additive und die festen Stoffe Pigmente und Füllstoffe.

Für einwandfreie Benetzung, muss die betreffende Flüssigkeit zuerst andere, fremde Stoffe verdrängen, die bereits auf der Pigmentoberfläche haften. Hierbei handelt es sich meisten um Feuchtigkeit und Bestandteile der Luft. Der Verdrängungsvorgang ist oft schwierig und erfordert viel Energie und Zeit; vielfach gelingt er ohne Netzmittelhilfe nur unvollständig oder gar nicht.

Grenzflächenspannung

Eine maßgebende Rolle spielen bei der Benetzung die uns bereits bekannten, mehr oder weniger stark elektrisch geladenen Atomgruppen, die auch für Löslichkeit und Verträglichkeit ausschlaggebend sind. Besteht zwischen der benetzenden Flüssigkeit (Bindemittel und Lösemittel) und dem Pigment ein zu großer Unterschied in der Polarität, das heißt liegt eine zu hohe **Grenzflächenspannung** vor, so findet keine Benetzung statt. Dies kann auch auf einfache Weise experimentell demonstriert werden.

In zwei Bechergläsern sei das hochpolare Lösemittel Wasser enthalten. In das eine geben wir etwas Eisenoxidgelb, also ein polares Pigment. Dabei kann man beobachten, wie das Wasser das Pigment sofort benetzt und sich mit ihm spontan vermischt. In das zweite Glas schütten wir etwas Phthalocyaninblau, also ein unpolares Pigment. Das Pigment wird auf Grund des sehr großen Polaritätsunterschieds vom Wasser abgestoßen und schwimmt auf, wird also nicht benetzt. Lassen wir nun in das Becherglas mit dem Phthalocyaninblau einige Tropfen Spülmittel fallen - „entspannen" also das Wasser wie bei einem Waschvorgang - , so können wir beobachten, wie das Pigment ohne jegliche mechanische Einwirkung buchstäblich ins Wasser hineingezogen wird und sich mit ihm vermischt.

Auf ähnliche Situationen stößt man häufig auch bei der Formulierung von Anstrichstoffen. Selten liegt die Polarität sowohl der eingesetzten Pigmente als auch der Bindemittel-Lösemittel-Gemische so günstig, dass von vornherein eine optimale Benetzung zu erwarten ist, zumal Lacke meistens mehrere unterschiedlich polare Pigmente enthalten. Wenn es also darum geht, eine optimale Benetzung der Pigmente, und somit eine stabile Dispergierung zu erzielen, kommt man in der Regel ohne **Netzmittel** nicht aus. Netzmittel haben die Aufgabe, die Polaritätsunterschiede zwischen dem Bindemittel-Lösemittel-Gemisch und dem Pigment auszugleichen, das heißt, die Grenzflächenspannung so herabzusetzen, dass das Pigment benetzt werden kann.

Hierzu zeigt Abbildung 18 den prinzipiellen Aufbau und die Funktionsweise eines Netzmittels. In der schematischen Darstellung des Netzmittelmoleküls (links) entpricht der Kreis einer pigmentfreundlichen Gruppe und der geschlängelte Teil einer Molekülkette, die eine ähnliche Polarität aufweist wie der Filmbildner. Beim Benetzungsvorgang (rechts) setzen sich die Netzmittelmoleküle mit ihrem pigmentfreundlichen Teil auf der Pigmentoberfläche fest und richten ihre bindemittelverträgliche Kette zum Bindemittel hin. In ihrer Gesamtheit bilden die Ketten um das Pigmentteilchen eine Art Hülle, welche dank der annähernd gleichen Polarität vom Bindemittel gut benetzt werden kann.

In manchen Fällen muss die **Netzmittelhülle** durch die Mitverwendung so genannter Dispergieradditive zusätzlich stabilisiert werden. Die **Dispergieradditive** fungieren praktisch wie Abstandshalter und sorgen

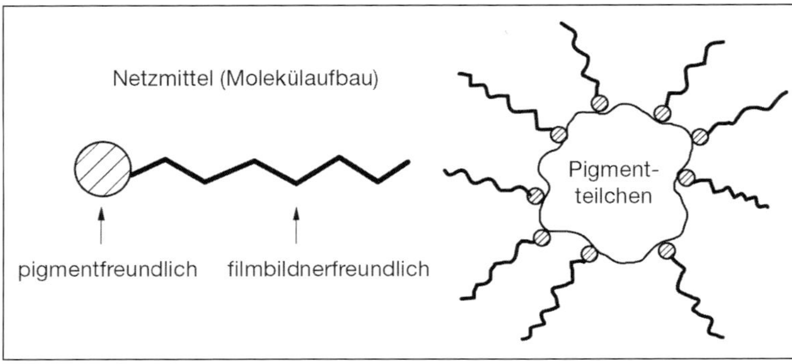

Abbildung 18: Netzmittelaufbau und -funktion

dafür, dass die benetzten Pigmentteilchen im Lack sich nicht zu nahe kommen und nachträglich eventuell Flockulate bilden.

Netzmittelwahl

Die Netzmittel müssen sehr sorgfältig auf die Pigmente und die Bindemittel abgestimmt werden. Die Wahl der richtigen Netzmittel ist ausschlaggebend für eine optimale Dispergierung und für einen stabilen Zustand des gesamten Beschichtungsstoffes. Voraussetzung dafür ist, dass die Netzmittelmoleküle fest genug auf der Pigmentoberfläche haften. In der Regel brauchen Netzmittel für polare Pigmente nur wenige Verankerungsstellen, weil die elektrischen Anziehungskräfte sehr groß sind. Bei unpolaren dagegen sind viele Verankerungsstellen notwendig, weil hier die Anziehungskräfte schwächer sind.

Wir werden später - im Zusammenhang mit der Lackherstellung - sehen, dass bestimmte Fehler beim Komplettieren zu einer Destabilisierung der Netzmittel- bzw. Dispergieradditivhülle führen können. Als Folge davon kann es zur **Flockulation** des Pigmentes kommen.

3.2.4 Rheologie

Mit dem Begriff **Rheologie** beschreibt man die Fließeigenschaften, also das Viskositätsverhalten, von meistens höherviskosen Flüssigkeiten, und zwar bei Beanspruchung durch mechanische Kräfte (z.B. Rühren). Die Fließeigenschaften sind für die Verarbeitung von Beschichtungsstoffen von eminenter Bedeutung und müssen schon im Lackrezept Berücksichtigung finden. Meistens lassen sie sich durch so genannte **rheologische Additive** mit der erforderlichen Sorgfalt einstellen.

Es gibt Flüssigkeiten, die ein ideales Viskositätsverhalten zeigen, hierzu gehören z.B. Wasser, die Lösemittel, die meisten Öle und auch viele Bindemittellösungen (Newtonsche Flüssigkeiten). Dies bedeutet, dass die Viskosität dieser Stoffe im Grunde konstant ist und allenfalls nur von der Temperatur abhängt, nicht aber von der mechanischen Beanspruchung, die vielfach auch als **Scherung** bezeichnet wird. Mit anderen Worten, misst man die Viskosität dieser Flüssigkeiten, z.B. mit dem Auslaufbecher, immer bei gleicher Temperatur, so erhält man auch immer die gleiche Auslaufzeit.

Für die Verarbeitung von Beschichtungsstoffen ist solch „ideales" Viskositätsverhalten jedoch nicht immer vorteilhaft. Von vielen Lacken erwartet man, dass sie sich in relativ hoher Schichtdicke auftragen lassen, zudem bei gutem Verlauf, aber ohne die Tendenz, „Läufer" oder „Gardinen" zu bilden. In anderen Fällen, z.B. bei Strukturlacken, wird verlangt, dass sie nach der Applikation gar nicht verlaufen und ihre Spritzstruktur beibehalten.

Solche Verarbeitungseigenschaften lassen sich oft dadurch erzielen, dass man das Viskositätsverhalten der Lackmaterialien mit Hilfe der bereits erwähnten Additive zielbewusst manipuliert, wobei vor allem als besondere Effekte die **Strukturviskosität** bzw. die **Thixotropie** angestrebt werden.

Von Strukturviskosität spricht man, wenn der Beschichtungsstoff im Ruhezustand dickflüssig erscheint, durch Rühren dünnflüssiger wird und, wenn man mit dem Rühren aufhört, sich ohne Zeitverzögerung die ursprünglich hohe Viskosität wieder einstellt. Bei der Thixotropie wird die anfänglich hohe Viskosität ebenfalls durch Rühren, jedoch zeitabhängig, das heißt mit zunehmender Rührdauer, abgebaut. Hört man mit dem Rühren auf, so regeneriert sich die Viskosität erst langsam, also mit einer Zeitverzögerung, und erreicht erst nach einer bestimmten Zeit wieder den Anfangswert.

Die wichtigsten rheologischen Additive für lösemittelhaltige Systeme sind die pyrogenen Kieselsäuren, die Schichtsilikate und die modifizierten Ricinusöle. Allen gemeinsam ist die Bildung von Gerüststrukturen über Wasserstoffbrücken, die durch die bereits besprochenen elektrischen Anziehungskräfte zustande kommen. Dies wird gemäß Abbildung 19 am Beispiel einer pyrogenen Kieselsäure erläutert.

Die Gerüststrukturen - im Ruhezustand gebildet - durchziehen den Beschichtungsstoff und machen ihn „unbeweglich" (hohe Viskosität). Durch Scheren werden diese Strukturen vorübergehend zerstört, das Lackmaterial wird „beweglicher" und die Viskosität sinkt. Bei erneutem Ruhezustand bauen sich die Strukturen mehr oder weniger schnell wieder auf.

Für wässrige Beschichtungsstoffe, die zunehmend an Bedeutung gewinnen, stehen jedoch andere Rheologieadditive, meistens „Verdicker" genannt, zur Verfügung. Die wichtigsten sind die Celluloseether, die Acrylatverdicker und die Assoziativverdicker. Die Celluloseether und Acryaltverdicker werden auch Phasenverdicker genannt, weil sie in erster Linie die Viskosität der Wasserphase erhöhen. Während die Celluloseether, ähnlich wie die anorganischen Rheologieadditive, über den Aufbau von Wasserstoffbrücken wirken, wird bei den Acrylatverdickern die Viskositätserhöhung durch die Bildung von Salzgruppen, die durch Neutralisation mit Aminen entstehen, hervorgerufen (s. S. 129). Die Assoziativverdicker schließlich, die auch Systemverdicker genannt werden, verfügen in ihren Molekülen über Gruppen verschiedener Polarität, die in der Lage sind, Wechselwirkungen mit unterschiedlichen Komponenten des Beschichtungsstoffes einzugehen. Auf diese Weise werden diese Bestandteile quasi „aneinander gekettet". Diese wertvollen Assoziativverdicker verbessern in der Regel die Gesamtstabilität des wässrigen Systems.

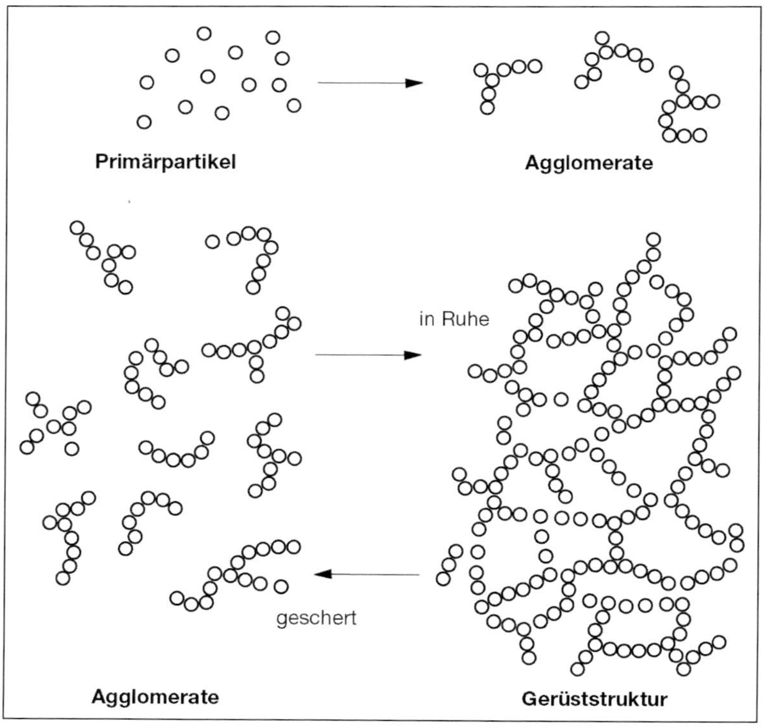

Abbildung 19: Thixotropie in einem dreidimensionalen Teilchengerüst

4 Lackrezepte

4.1 Allgemeines

Die unüberschaubar große Palette an sehr unterschiedlichen und komplex aufgebauten Lackrezepten stellt die eigentliche **Schatztruhe** einer Lackfabrik dar. Die Rezepturen enthalten, neben einer qualitativen und quantitativen Aufstellung der beteiligten Rohstoffe und Halbfabrikate, auch detaillierte Beschreibungen der für die Lackherstellung vorgesehenen Verfahrensschritte. In modernen Lackrezepten sind außerdem oft auch Prüfmethoden für die Qualitätssicherung festgelegt und Maßnahmen zur Arbeitssicherheit beschrieben.

Die Bedeutung der Lackrezepturen kann gar nicht hoch genug eingeschätzt werden, da in ihnen das gesamte Wissen in konzentrierter Form vorliegt, welches im Laufe der Lackentwicklung durch unzählige Versuche, bei anwendungstechnischen Erprobungen und in langwierigen Testphasen zustandegekommen ist. Gleichwohl darf behauptet werden, dass die Entwicklung einer hochwertigen Lackrezeptur in der Regel nie als endgültig abgeschlossen zu betrachten ist. Eine Rezeptur, die gut funktioniert, braucht deshalb noch lange nicht optimal zu sein, zumal sich die technologischen und organisatorischen Bedingungen der modernen Lackproduktion ständig wandeln und oft neue Vorgaben zu berücksichtigen sind.

Der kontinuierlichen Verbesserung und Anpassung der Rezepturen (**Rezeptpflege**) wird heute große Bedeutung beigemessen, da man erkannt hat, dass in der Rezeptoptimierung der Schlüssel zu wirtschaftlicherer Produktion und sichererer Qualität liegt und sich damit gleichzeitig eine Entlastung des Produktionspersonals - durch Vermeidung unnötiger Mehrarbeit - erreichen lässt.

Paolo Nanetti: Lack für Einsteiger

ISBN: 978-3-86630-881-7

4.2 Aufbau des Lackrezeptes

4.2.1 Einleitung

Umfassende Erläuterungen zur Strukturierung von Lackrezepturen abzugeben, ist im Rahmen dieses Buches – angesichts der Vielseitigkeit der Materie – kaum möglich. Gleichwohl lassen sich einige Schwerpunkte hervorheben, die für das Grundverständnis der Rezeptentwicklung und -fertigung von Bedeutung sind. Hierzu ist es notwendig, die verschiedenen Lackprodukte nach verfahrenstechnischen Gesichtspunkten in Gruppen zusammenzufassen. In die folgenden Rezeptbetrachtungen werden wir allerdings ausschließlich die flüssigen Beschichtungsstoffe einbeziehen. Denn die lösemittelfreien, festen Pulverlacke erfordern aufgrund ihrer außergewöhnlichen Technologie eine separate Besprechung (vgl. „Lack und Umwelt“, s. S. 137).

Zur Charakterisierung und Gestaltung der Rezepte von Beschichtungsstoffen wird sinnvollerweise als Kennzahl die so genannte **PVK (Pigmentvolumenkonzentration)** herangezogen. Sie gibt an, wieviel Prozent des Volumens vom getrockneten bzw. ausgehärteten Lackfilm, also nach Verdunsten der Lösemittel, auf Pigmente und Füllstoffe entfällt. Die PVK ist demnach ein Maßstab für den Füllgrad einer Beschichtung. Darüber, wie man diese Kennzahl berechnet bzw. bestimmt, können wir uns leider hier aus Platzmangel nicht auslassen.

Es sei jedoch ergänzend erwähnt, dass für jeden Beschichtungsstoff auch eine experimentell bestimmbare kritische Pigmentvolumenkonzentration (KPVK) existiert. Sie trägt die Bezeichnung „kritisch“, weil bei ihrer Überschreitung die Filmbildnermenge nicht mehr ausreicht, die gesamte Pigment- und Füllstoffoberfläche zu benetzen. Bei Pigmentkonzentrationen oberhalb der KPVK findet man also einen steilen Anstieg der Filmdurchlässigkeit gegenüber Wasser und anderen Agenzien.

Deshalb ist es bei Korrosionsschutzgrundierungen von eminenter Bedeutung, dass die KPVK beim Rezeptieren nicht überschritten wird, da sonst mit erheblicher Verschlechterung des Korrosionsschutzes zu rechnen ist. Eine Ausnahme bilden hierbei die **Zinkstaubgrundierungen**, die oberhalb der KPVK pigmentiert werden. Dies ist erforderlich, um einen ausreichenden Kontakt zwischen den Zinkstaubteilchen und dem Eisenuntergrund zu gewährleisten, denn nur so kann ein effizienter elektrochemischer Korrosionsschutz zustande kommen. Bei Mahlgutformulierungen (s. S. 73) kann ein Überschreiten der KPVK zu mangelhafter bzw. instabiler Dispergierung führen.

Es gibt aber auch Beschichtungsstoffe, die man, z.B. aus Preisgründen oder um eine ausgeprägte Atmungsfähigkeit des Lackfilmes zu erhalten, so hoch füllt, dass die KPVK überschritten wird. Dies ist der Fall beispielsweise bei manchen Ventilationsgründen, Spachtelmassen oder Dispersionsfarben.

Nach der PVK klassifiziert bietet sich etwa folgende grobe Einteilung der Lackrezepturen an:
- Klarlacke (pigmentfrei),
- Beschichtungsstoffe mittlerer Pigmentierungshöhe (PVK bis ca. 50 %),
- Hochgefüllte Beschichtungsstoffe (PVK über 50 %).

4.2.2 Klarlacke

Das Konzept der Klarlackrezeptur erfordert keine nähere Besprechung, da diese Produkte in der Regel nur flüssige oder pastenförmige Komponenten enthalten. Zudem bereitet ihre Herstellung kaum technische Probleme, weil sie durch einfaches Mischen der Bestandteile erfolgt. Der Rezeptierer hat lediglich die Reihenfolge der Komponentenzugabe zu beachten. Hierbei müssen durchaus Löslichkeits- und Verträglichkeitsaspekte berücksichtigt werden.

4.2.3 Beschichtungsstoffe mittlerer Pigmentierungshöhe

Die Fertigung pigmentierter Beschichtungsstoffe ist in der Regel ungleich schwieriger und technologisch aufwendiger als die der Klarlacke. Eine zentrale Bedeutung haben hierbei diejenigen Verfahrensschritte, welche mit der **Dispergierung** (Zerteilung) der Pigmente zusammenhängen. Dies ist besonders wichtig bei Decklacken (PVK bis ca. 30 %), da sie häufig auch schwer dispergierbare Pigmente enthalten.

Dementsprechend komplexer ist auch die Rezeptstruktur für solche Materialien. Exemplarisch sei für einen weißen Bautenlack der grundsätzliche Aufbau eines solchen Rezeptes erläutert, siehe Rezeptbeispiel 1.

Rezepturkonzeptionen

Zum besseren Verständnis müssen einige allgemeine Erklärungen vorweggenommen werden.

Der Kopf eines modernen Rezeptes – in unseren Rezeptbeispielen aus Vereinfachungsgründen weggelassen – enthält neben der Produktbezeichnung

Rezeptbeispiel 1
Beschichtungsstoff: Weißer Bautenlack, oxidativ härtend

Verfahrensschritt (Operation)	Position	Massenanteil %	Bezeichnung
I	In angegebener Reihenfolge vorlegen und rühren		
	1	36,0	Tallölalkydharz in TB, w (Öl) = 65 %
	2	3,0	Bentonepaste, w = 10 %
	3	0,5	Netzmittel
II	Unter Rühren einstreuen		
	4	28,0	Titandioxid
I–II	Mit Dissolver bei 21 m/s 10 min. dispergieren Temperatur: 35–40 °C		
III	Unter Rühren zugeben		
	5	8,0	Solventnaphtha
I–III	Dispergierung 2x Rührwerksmühle (Typ ...), Temperatur: 50–60 °C; Leistung: 200 kg/Std.		
IV	In angegebener Reihenfolge unter Rühren zugeben		
	6	7,0	Tallölalkydharz in TB, w (Öl) = 65 %
	7	0,5	Co-Zr-Trockenstoff
	8	2,3	Dipentene
	9	0,5	Antihaut-Lösung (Oxim)
V	Mit Position 10 Viskosität auf 120 s DIN/ISO 2431 (23 °C) einstellen		
	10	14,2	Testbenzin

und der Rezeptnummer auch Angaben über den Rezeptverantwortlichen, über durchschnittliche Produktionsmengen und andere logistische Daten.

Im Rezept selbst sind alle Rohstoffe und Halbfabrikate in der Reihenfolge ihres Einsatzes durchnummeriert – vielfach als „Positionen“ bezeichnet. Die Verfahrensschritte (manchmal auch „Operationen“ genannt) erhalten ebenfalls eine Nummerierung in arabischen oder römischen Zahlen. Die Verfahrensanweisungen zur Lackfertigung erscheinen, je nach

System, im Rezept entweder vor den entsprechenden Verfahrensschritten (siehe Rezeptbeispiele 1 bis 3), oder an seinem Schluss (Rezeptbeispiel 4).

Und nun zurück zu unserem weißen Bautenlack!
Das Rezept setzt sich aus einem Dispergierteil (Verfahrensschritte I bis III) und einem Komplettierungsteil (Verfahrensschritte IV und V) zusammen. Das Dispergierrezept ist wiederum in zwei Teile gegliedert. Der erste Teil (I + II) bezieht sich auf die Einarbeitung der pulverförmigen Pigmente und Füllstoffe in das aus Bindemittel, Netzmittel und evtl. Additiven zusammengesetzte Flüssigkeitsgemisch. Das dabei entstehende pastenförmige Konzentrat (**Mahlgut**) wird anschließend im Dissolver kräftig gerührt (**Vordispergierung**). Um dabei eine effiziente Vordispergierung zu erzielen, muss im Mahlgut eine höhere Viskosität herrschen als später bei der **Hauptdispergierung** auf der Perlmühle. Aus diesem Grund gibt man in der Regel nach der Vordispergierung, d.h. bevor das Mahlgut die Mühle passiert, Lösemittel- und/oder Filmbildner zu (III).

In unserem Rezeptbeispiel fällt es auf, dass im Mahlgut nur ein Teil des Bindemittels (Tallölalkydharz) erscheint und der Rest erst zum Komplettieren verwendet wird. Auch die Lösemittel werden nicht sofort vollständig ins Mahlgut eingebracht. Warum eigentlich? Hier ist die Erklärung.

Mahlgutkomposition

Ein optimal formuliertes Mahlgut sollte folgende Bedingungen erfüllen:

- Es muss anteilmäßig alle zur Benetzung der Pigmente beitragenden Bestandteile enthalten, das heißt Bindemittel, Lösemittel, Netzmittel.
- Die Menge dieser Bestandteile soll aber „so niedrig wie möglich und nur so hoch wie nötig“ sein. Mit anderen Worten, man versucht ein Bindemittel/Lösemittel/Netzmittel-Gemisch mit möglichst guten Benetzungseigenschaften und niedriger Viskosität zu finden, und man nimmt nur soviel davon, dass alle Pigmentteilchen umhüllt werden können und sich gleichzeitig die Dispergierparameter (Durchsatzmenge, Temperatur, Viskosität usw.) für die Perlmühle optimal einstellen lassen. Diese Gesichtspunkte sind sowohl dispergiertechnisch wie auch wirtschaftlich von größter Bedeutung.

  Dispergiertechnisch, weil in einem Mahlgut mit zuviel Bindemittel und Lösemittel, aufgrund der dann zu niedrigen Viskosität, während des Dispergierprozesses keine ausreichenden Scherkräfte entstehen könnten. Außerdem wären der Maschinenverschleiß und der Perlenabrieb zu hoch (s. Dispergierung, s. S. 92).

Rezeptbeispiel 2

Beschichtungsstoff: Einbrennlack – RAL 1032, Ginstergelb

Verfahrensschritt (Operation)	Position	Massenanteil %	Bezeichnung
I	In angegebener Reihenfolge vorlegen und rühren		
	1	38,0	Ricinenalkyd, 60 %ig in Solventnaphtha
	2	3,0	Bentonepaste, w = 10 %
	3	1,5	Netzmittel
II	Unter Rühren einstreuen		
	4	3,6	Benzimidazolon-Gelb
	5	7,2	Chromtitangelb
	6	0,3	Titandioxid
	7	12,0	Blanc-Fixe, micro
I–II	Mit Dissolver bei 21 m/s 10 min. dispergieren Temperatur: 35–40 °C		
III	Unter Rühren zugeben		
	8	5,0	Solventnaphtha
I–III	Dispergierung 2x Rührwerksmühle (Typ ...), Temperatur: 50–60 °C; Leistung: 180 kg/Std.		
IV	In angegebener Reihenfolge unter Rühren zugeben		
	9	18,0	Melaminharz, 55 %ig in Butanol
	10	5,0	Methoxypropylacetat
	11	0,2	Verlaufsmittel
V	Mit Position 12 Viskosität auf 90 s 4 DIN 53211 (23 °C) einstellen		
	12	6,2	Solventnaphtha

Wirtschaftlich, da in der Lackproduktion das Dispergieren den zeitlich und maschinell aufwendigsten Schritt darstellt.

- Man ist also in bezug auf das Gesamtrezept an einem kleinen Mahlgut-Anteil, mit möglichst hohem Pigmentgehalt, interessiert. Hierbei darf jedoch die KPVK nicht überschritten werden, es sei denn, dies wäre aus technologischen Gründen erwünscht.

Rezeptbeispiel 3

Beschichtungsstoff: Basislack für Zweischichtsystem/grün

Verfahrensschritt (Operation)	Position	Massenanteil %	Bezeichnung
I	In angegebener Reihenfolge vorlegen und rühren		
	1	16,0	Acrylatharz, 55 %ig in Butylacetat
	2	3,0	Bentonepaste, w = 10 %
	3	1,0	Netzmittel
II	Unter Rühren einstreuen		
	4	5,0	Phthalocyaningrün
I–II	Mit Dissolver bei 21 m/s 10 min. dispergieren Temperatur: 35–40 °C		
III	Unter Rühren zugeben		
	5	6,5	Butylacetat
	6	3,0	Butylglykolacetat
	7	3,0	n-Butanol
I–III	Dispergierung 2x Doppelkammermühle (Typ ...), Temperatur: 50–60 °C; Leistung: 170 kg/Std.		
IV	In angegebener Reihenfolge unter Rühren zugeben		
	8	32,0	Celluloseacetobutyrat, 20 %ig in Butylacetat
	9	10,0	AC-Copolymerwachs, 10 %ig
	10	6,0	Melaminharz, 55 %ig in Butanol
V	Mit Position 11 Viskosität auf 90 s 4 DIN 53211 (23 °C) einstellen		
	11	14,5	Butylacetat

- Die Lösemittelzusammensetzung fürs Mahlgut muss so gewählt werden, dass beim Auflacken keine Unverträglichkeiten entstehen und Erscheinungen wie Lösemittel- und Pigmentschocks möglichst unterbleiben (s. Komplettierung, s. S. 111).
- Im Mahlgut müssen alle festen Bestandteile des Lackrezeptes enthalten sein, bis auf die mahlungsempfindlichen, wie z.B. Aluminiumpigmente,

Perlglanzpigmente oder die meisten Mattierungsmittel. Sie werden dann separat mittels Rührer oder Dissolver eingearbeitet.
- Rezeptbestandteile, die als pastenförmige Halbfabrikate zum Einsatz kommen, setzt man dem Mahlgut immer dann vor der Hauptdispergierung zu, wenn späteres Einarbeiten Probleme bereiten würde (z.B. Stippenbildung). Dies kommt bei rheologischen Hilfsmitteln recht häufig vor.

Im Komplettierungsteil der Lackrezeptur gibt es dann nur noch eine Reihenfolge für die Bestandteile, die dem fertigen Mahlgut unter Rühren zuzugeben sind, um den Lack gebrauchsfähig zu machen. Doch dass man hierbei auch viel falsch machen kann, werden wir später beim Besprechen der Komplettierung sehen (s. S. 111)!

Im Rezeptbeispiel Nr. 1 war nur ein einziger Filmbildner enthalten (Tallölalkydharz). Es folgen zwei weitere Beispiele, in denen jeweils Kombinationen verschiedener Bindemittel zur Anwendung kommen, siehe Rezeptbeispiele 2 und 3.

Praktische Erfahrungen

Bei diesen Rezepturen fällt auf, dass das Mahlgut nicht etwa ein Gemisch der verschiedenen Filmbildner-Komponenten, sondern nur eine davon enthält, während die anderen erst beim Komplettieren zugesetzt werden. Gemäß dem Einbrennlack-Rezept (Nr. 2) erfolgt die Pigmentdispergierung ausschließlich im Alkydharz, bei der Base-Coat-Formulierung (Nr. 3) hingegen nur im Acrylharz.

In der Praxis gibt es zwar von diesem Schema auch Abweichungen, jedoch kann man hier von einer allgemeinen Grundregel sprechen, basierend auf folgenden Erkenntnissen:

- Ein Mahlgut sollte möglichst mit jener Bindemittel-Komponente formuliert werden, die das beste **Benetzungsvermögen** hat, denn nur so ergeben sich die günstigen Viskositätsverhältnisse, wie man sie zur Reduzierung der Mahlgutmenge benötigt. In unseren Rezeptbeispielen 2 und 3 sind die jeweils besser benetzenden Filmbildner das Alkydharz bzw. das Acrylharz. Natürlich dürfte man, falls die Menge der ausgesuchten Bindemittel-Komponente zu klein sein sollte, auch Anteile der anderen Komponente ins Mahlgut hereinnehmen. Hierbei müsste jedoch ein weiterer wichtiger Grundsatz beachtet werden:
- Das Mahlgut darf keine Bestandteile enthalten, die unter den gegebenen Dispergierbedingungen (z.B. Temperatur von ca. 60 °C) miteinander reagieren könnten. Dies wäre im Beispiel 2 zwischen dem Alkydharz und dem Melaminharz durchaus möglich.

Wie wir in den vorherigen Beispielen gesehen haben, enthält bei Decklackrezepturen das Mahlgut nur einen Teil des Gesamtbindemittels. Der Rest wird nach der Dispergierung als Komplettierungsbestandteil zugegeben. In die Komplettierungsphase fällt außerdem die Zugabe eines Teils der Lösemittel und vieler Additive. Etliche Rezepturen sehen im Komplettierungsteil für Lösemittel oder Zusatzstoffe so genannte „offene Mengen“ vor, also nicht zwingend einzuhaltende Mengenangaben. Dies dient der Korrektur bzw. der genauen Einstellung vorgegebener Lackparameter, wie Viskosität, Mattierungsgrad usw.

Zu den Beschichtungsstoffen mittlerer Pigmentierungshöhe zählen auch die meisten Grundierungen und einige Füller mit einer PVK zwischen 20 % und 50 %. Die Rezepturen dieser Produkte sind im Wesentlichen so gegliedert wie die der bisher besprochenen, nur enthält das Mahlgut für die Perlmühlen, aufgrund der höheren PVK, nicht selten die gesamte Bindemittelmenge.

Zum Abschluss sollte nicht unerwähnt bleiben, dass es in der modernen Lacktechnologie zu den hier erörteten Lacksystemen immer mehr wasserverdünnbare umweltfreundliche Alternativen gibt. Doch gilt auch für sie die gleiche Rezeptstrukturierung wie in unseren Beispielen. Lediglich die Verfahrensparameter sind anders. Über die Besonderheiten wasserverdünnbarer Anstrichstoffe erfährt der Leser mehr unter „Lack und Umwelt“ (s. S. 127).

4.2.4 Hochgefüllte Beschichtungsstoffe

Die wichtigsten Produkte in dieser Gruppe sind hochpigmentierte Füller und Grundierungen mit einer PVK zwischen 50 und 65 %, außerdem Spachtel und Dispersionsfarben, deren PVK Werte bis ca. 80 % erreichen kann.

Das Mahlgutrezept von hochgefüllten Füllern und Spachteln enthält in der Regel bereits deren sämtliche Komponenten. Ist eine Komplettierung vorgesehen, dann beschränkt sie sich meistens auf Verdünnungszusätze. Bei **Dispersionsfarben** für den Baubereich gibt es etliche Besonderheiten, die beim Rezeptieren beachtet werden müssen, siehe Rezeptbeispiel 4.

Hier wird im ersten Operationsschritt lediglich eine Dispergierlösung vorgelegt, die allerdings keine Dispersion, also keinen Filmbildner, enthält (**Slurry**). Vielmehr besteht sie aus Wasser, Dispergiermittel, Verdickungsmittel, Entschäumer und eventuell Fungizid. Im zweiten Operationsschritt werden die Pigmente und Füllstoffe im zunächst langsam laufenden Dissolver eingerührt und dort anschließend hochtourig dispergiert. Erst danach lässt man, erneut bei reduzierten Tourenzahlen, die Kunststoffdispersion und die restlichen Hilfsmittel einfließen.

Rezeptbeispiel 4

Beschichtungsstoff: Weiße Dispersionsfarbe für innen

Position	Massenanteil %	Bezeichnung
1	38,3	Wasser
2	0,3	Bentone EW
3	0,2	Fungizid
4	0,3	Dispergierhilfsmittel
5	0,6	Methylcellulose
6	0,2	Entschäumer
7	18,0	Titandioxid
8	5,5	Kaolin
9	23,5	Calcit
10	0,1	Ammoniak, 25 % ig
11	1,0	Methoxypropanol
12	2,0	Propylenglykol
13	10,0	Kunststoffdispersion

Herstellungsvorschrift:
Positionen 1 bis 6 in der angegebenen Reihenfolge verrühren.
Positionen 7 bis 9 unter langsam laufenden Dissolver eingeben, anschließend hochtourig dispergieren.
Positionen 10 bis 13 bei reduzierter Drehzahl zulaufen lassen.
Temperatur darf 35 °C nicht überschreiten!

Der Grund für diese besondere Verfahrensweise liegt zum einen in der **Temperatur**- und **Scherempfindlichkeit** der wässrigen Dispersionen; sie könnten bei den Dispergierverhältnissen im hochkonzentrierten Mahlgut Schaden nehmen. Zum anderen besteht die Gefahr, dass beim Einarbeiten der großen Mengen trockener Pigmente und Füllstoffe ins Mahlgut - in der Regel bei deutlicher Überschreitung der KPVK - der Dispersion soviel Wasser entzogen wird, dass sie ausfällt. In der Fachsprache wird diese Erscheinung auch als „Brechen" der Dispersion bezeichnet.

Zum Abschluss sei erwähnt, dass es außer den hier besprochenen Rezepturen auch solche für zahlreiche Sonderprodukte gibt, wobei aber die Verfahrensvorschriften zum Teil erheblich von den angeführten Varianten abweichen können.

5 Lackherstellung

5.1 Allgemeiner Prozessablauf

Wir haben bereits gesehen, dass die Lackrezeptur nicht nur die Zusammensetzung des entsprechenden Beschichtungsstoffes widerspiegelt, sondern für dessen Herstellung auch den Prozessablauf festlegt. Die Reihenfolge der Prozessschritte ist im Prinzip immer die gleiche, obschon – je nach Lackmaterial – einzelne Verfahrensabschnitte durchaus fehlen können (z.B. entfällt bei Klarlacken die Dispergierung). Am vollständigsten lässt sich die Prozesskette am Beispiel bunter Decklacke darstellen, wie Abbildung 20 veranschaulicht.

Sie beginnt mit dem **Rohstofflager**, wo die zum Ansatz benötigten Rohstoffe und Halbfabrikate bereit gestellt werden. Dann folgt die **Ansetzerei**, wo man die Pigmente und Füllstoffe in die flüssige Phase einarbeitet und die Mahlgut-Vordispergierung vornimmt. Es schließt sich dann die **Dispergierung** (oft auch Mahlung genannt) an, mit der Pigment- und Füllstoffzerkleinerung bis zur gewünschten Korngröße. Nächster Schritt ist die **Komplettierung**, in der die noch fehlenden Rezeptkomponenten, je nach Fertigungsmethode, mehr oder weniger vollständig ins Mahlgut eingearbeitet werden. Anschließen kann sich auch eine Zwischenlagerungsphase und zwar bis zur endgültigen Komplettierung.

In diese zum verkaufsfertigen Produkt führende Phase fällt meistens auch das **Nuancieren**, das heißt die Farbtoneinstellung durch entsprechende Pasten- oder Mischlackzusätze. Am Ende der Prozesskette steht die **Abfüllung**, kombiniert u.a. auch mit der wichtigen Reinigungsphase vor der Produktauslieferung an den Kunden. Der Lackherstellungsprozess wird von Qualitätsprüfungen begleitet, die – je nach Material – sehr aufwendig sein können. Dies gilt insbesondere bezüglich der Farbtoneinstellung. Vor dem Abfüllen nimmt man in der Regel eine Endprüfung vor, gefolgt dann von der so genannten Freigabe des Materials.

Die einzelnen Stationen der Lackfertigung werden im Folgenden noch ausführlich beschrieben.

Paolo Nanetti: Lack für Einsteiger

ISBN: 978-3-86630-881-7

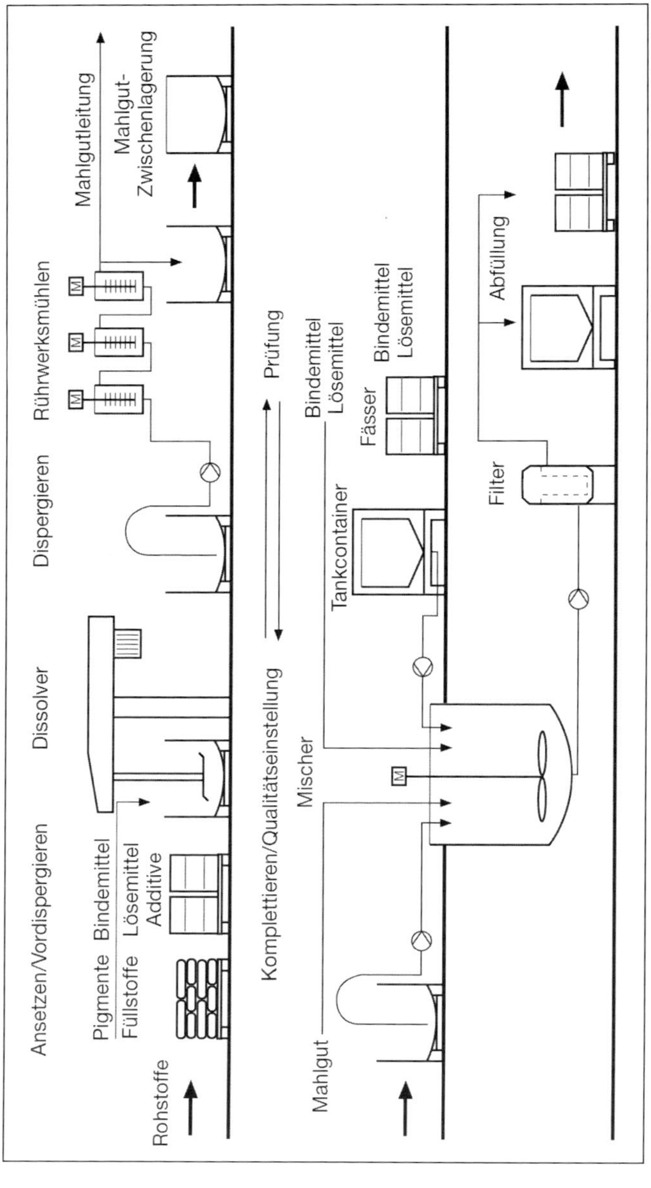

Abbildung 20: Ablauf Lackfertigung

5.2 Fertigungsvarianten

5.2.1 Allgemeines

In den letzten Jahrzehnten hat die Fertigungsstruktur der Lackfabriken einen stürmischen Wandel erfahren. Angestoßen wurde diese Entwicklung zum einen durch ein allgemein verändertes Qualitätsbewusstsein und zum anderen durch die Verbreitung der „just in time"-Philosophie fast überall in den Kunden-Lieferanten-Beziehungen. Der Kundenwunsch nach **unverzüglicher Bedienung** ließ den Zeitfaktor zum ausschlaggebenden Wettbewerbsargument werden, mit einschneidenden Folgen sowohl für die Fertigungslogistik als auch für die apparative Ausstattung der Lackbetriebe.

In der modernen Beschichtungsstoffproduktion nehmen die **Halbfabrikate**, das heißt Vorprodukte, die aus mehreren Lackrohstoffen hergestellt werden, eine Schlüsselstellung ein. Früher galten als Halbfabrikate überwiegend Bindemittellösungen oder Lösungen bzw. Anpastungen von Additiven, vorgefertigt zwecks besserer Dosierung oder vereinfachter Einarbeitung in das Lackmaterial. Die heutige Vorstellung vom Halbfabrikat geht weit darüber hinaus und schließt auch umfangreiche **Pasten**- und **Mischlacksysteme** ein, aus denen die Lackfabriken im Schnellverfahren die gewünschten Farbtöne mit hoher Genauigkeit mischen können.

5.2.2 Grundauffertigung

Nach dieser Methode wurden bis Anfang der 70er Jahre des vergangenen Jahrhunderts praktisch alle Beschichtungsstoffe hergestellt, Abbildung 21 gibt dazu den schematischen Ablauf der Produktionsweise wieder. Wie man sieht, durchläuft eine Grundauffertigung direkt die gesamte Prozesskette. Alle zur Farbtoneinstellung benötigte Pigmente werden in ein gemeinsames Mahlgut eingebracht und zusammen dispergiert. Eventuell erfolgt nach der Komplettierung, bevor das Material abgefüllt wird, noch eine Farbtonkorrektur mit Hilfe von Tönpasten.

Diese Fertigungsmethode hat einige entscheidende Nachteile, die letztendlich auch der Grund sind, weshalb sie stark an Bedeutung verlor. Unter Qualitätsaspekten ist zu vermerken, dass das gemeinsame Dispergieren von Pigmenten durchaus problematisch sein kann. Dies gilt vor allem, wenn es sich um schwer dispergierbare Pigmente handelt, die auf sie genau abgestimmte Benetzungs- und Dispergierverhältnisse benötigen, damit sich ein zufriedenstellender Ausreibungsgrad ergibt. Die Gefahr ist hier groß, dass eine Pigmentkomponente übermäßig intensiv disper-

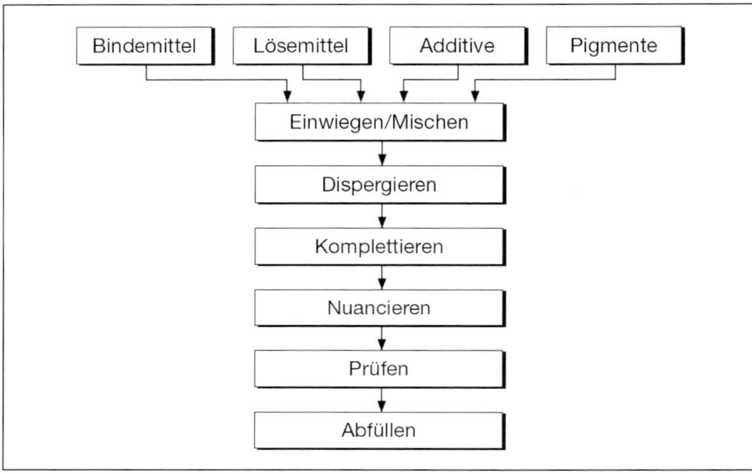

Abbildung 21: Grundauffertigung

giert wird, während eine andere vielleicht unterdispergiert bleibt, insofern umso mehr, als die verschiedenen Pigmentlieferungen auch Qualitätsschwankungen unterliegen können.

Im Allgemeinen ist der Farbton eines nicht ausreichend dispergierten Pigmentes durch nachträgliche Farbpasten-Zusätze nicht mehr korrigierbar, da bei einer Veränderung der Korngröße sich oft auch die Farbtonreinheit verschiebt. Ein zweiter Nachteil dieser Methode liegt in der Langsamkeit des Fertigungsablaufs bei komplizierten und ständig wechselnden Farbtonrezepturen.

Die Grundauffertigung hat sich hauptsächlich dort behaupten können, wo die Farbtongenauigkeit als zweitrangig gilt, bzw. wo sehr große Mengen Material mit dem gleichen Farbton regelmäßig zur Produktion anstehen (Spachtel, Füller, Grundierungen, Dispersionsfarben, aber auch bestimmte Industrie- und Autoserien-Farbtöne).

5.2.3 Pasten- und Mischlackfertigung

Das Grundprinzip dieser Fertigungsmethode besteht in der Bevorratung einer Palette von pigmentierten Pasten bzw. Mischlacken, aus denen nach Bedarf alle geforderten Farbtöne unter geringem Zeitaufwand gemischt werden können.

Jedes der bevorrateten Materialien enthält jeweils nur ein Pigment in bekannter Konzentration. Dies erlaubt die Ausarbeitung von Farbtonrezepturen, in denen die Mengen der Pasten oder Mischlacke festgelegt sind, die zur Ausmischung der gewünschten Farbtöne dienen. Der weitere Fertigungsablauf ist in Abbildung 22 schematisch wiedergegeben.

Der Unterschied zwischen der hier dargestellten Mischlackfertigung und der Pastenfertigung besteht darin, dass in letzterer vor dem Nuancieren auch ein Komplettierungsschritt vorgesehen ist. Mit anderen Worten, während es sich bei den Mischlacken jeweils um fertige Lacke handelt, sind die Pasten Pigmentkonzentrate, die einer rezeptiven Ergänzung bedürfen. Qualitativ besteht jedoch kein Unterschied zwischen beiden Systemen. Ihre Hauptvorteile liegen zum einen in der Schnelligkeit der Auftragserledigung, zum anderen aber auch in der uneingeschränkten Reproduzierbarkeit der Nuancierergebnisse. Vorausgesetzt ist natürlich die Standardisierung der Pasten und Mischlacke, das heißt ihre exakte Angleichung an den jeweils verbindlichen Standard.

Die Tatsache, dass in jeder Mischkomponente nur ein Pigment enthalten ist, ermöglicht das Ausarbeiten optimaler Dispergierbedingungen für das jeweilige Farbmittel und, im Vergleich zum Standard, eine zuverlässige Farbtonprüfung in jeder Phase der Dispergierung. Die Bestimmung des Farbabstandes der Pasten und Mischlacke in Bezug auf den Standard erfolgt oft mit farbmetrischen Methoden; die endgültige Freigabe basiert jedoch auf der „visuellen Beurteilung“ durch erfahrene Prüfer.

Es ist bei der Standardisierung von Pasten und Mischlacken durchaus möglich, für Farbstärke und Farbort die Toleranzgrenzen so eng zu setzen,

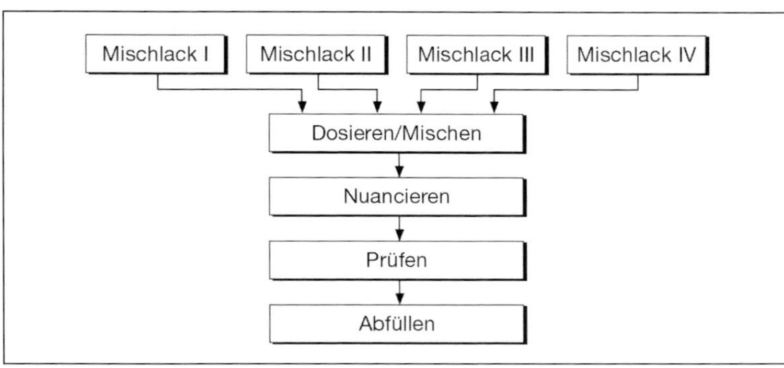

Abbildung 22: Mischlackfertigung

dass sich ein Nachnuancieren der entstandenen Farbtöne erübrigt. Die Fertigung solch „vollstandardisierter" Mischkomponenten ist jedoch sehr aufwendig und teuer und wird deshalb nur praktiziert, wenn komplette **Mischlacksysteme** dem Anwender direkt verkauft werden sollen.

Mischlacksysteme haben sich seit Jahren und mit großem Erfolg etabliert, vor allem im Bereich der Autoreparaturlackierung und der Malerlacke und Baufarben. Die Autoreparaturwerkstätten bzw. die Baumärkte bekommen eine Mischlackpalette, Wiege- und Mischvorrichtungen und eine Sammlung von Farbrezepturen, nach denen sich alle gewünschten Farbtöne in der jeweils benötigten Menge ausmischen lassen. Da man hierbei kaum in der Lage sein wird, eventuell nicht stimmende Farbtöne nachzunuancieren, müssen die verwendeten Mischlacke von vornherein sehr hohe Genauigkeitsanforderungen erfüllen.

Innerhalb der Lackfertigung erschiene der mit solcher Vollstandardisierung verbundenen Aufwand jedoch nicht gerechtfertigt. Hier sind die Toleranzgrenzen für die Mischpasten und Mischlacke durchaus großzügiger definiert. Die beim Ausmischen der jeweiligen Farbtöne auftretenden Schwankungen werden von erfahrenen **„Tönern"** durch Nachnuancieren ausgeglichen.

Die Entscheidung, ob für einen Lackbetrieb Mischpasten oder aber Mischlacke vorteilhafter wären, hängt entscheidend von der jeweiligen Fertigungsstruktur ab. Beide Varianten bieten spezifische Vorteile. Die Pastenfertigung ermöglicht dank der höheren Pigmentkonzentration in den Pasten eine geringere Bevorratung, die Mischlackfertigung hingegen, wegen der niedrigeren Viskosität und Pigmentkonzentration der Mischlacke, eine genauere Dosierung, in der Regel mit automatischen Dosieranlagen.

5.3 Stationen der Lackherstellung

5.3.1 Allgemeines

Im folgenden werden die bereits angesprochenen Stationen der Lackfertigung ausführlich beschrieben. Im Vordergrund stehen hierbei verfahrenstechnische Bedeutung und apparative Ausstattung. Diskutiert werden in diesem Zusammenhang auch die wichtigsten Verfahrensparameter und Fehlermöglichkeiten beim jeweiligen Prozessschritt. All diese Aspekte dürften hauptsächlich für Leser, die in der Lackproduktion involviert sind, von praktischem Nutzen sein.

5.3.2 *Rohstofflager*

Das Rohstofflager dient in erster Linie der **fachgerechten Aufbewahrung** aller Rohstoffe für die Lackfertigung. Darunter versteht man eine Art der Unterbringung, die zum einen verhindert, dass die genannten Stoffe durch äußere Einflüsse wie Wärme, Feuchtigkeit, Lichteinwirkung usw. beschädigt werden, mit der sich zum anderen aber auch den Gefahren für Mensch und Umwelt vorbeugen lässt. Dies ist aber nicht immer, je nach Art und Menge der zu lagernden Rohstoffe, in einem einzelnen Gebäude zufriedenstellend zu realisieren. So gibt es neben dem Hauptrohstofflager in der Praxis oft auch Nebenläger, zur Differenzierung mit eigenen Bezeichnungen wie Bindemittellager, Tankfarm usw.

Die separate Lagerhaltung, etwa bei Tankfarmen mit Pumpstation, erfolgt vielfach aus Sicherheitsgründen, z.B. bei großen Mengen brennbarer Lösemittel. Das Lagern leicht brennbarer Stoffe in einem Gebäude erfordert besondere Sicherheitsvorkehrungen, wie automatisch verschließbare Türen, Rauchmelder und Kohlensäure-Löschanlagen. Der unterirdische Bereich solcher Lagerabschnitte muss wannenförmig ausgebildet sein, um im Notfall auslaufendes Material und Löschmittel auffangen zu können.

Moderne Rohstofflager-Gebäude werden in der Regel als **Hochregallager** eingerichtet, das heißt, sie sind mit offenen Regalwänden aus Stahl ausgestattet, die in Fächer eingeteilt sind. In den Gängen zwischen den Regalen ist genügend Platz für fahrbare Gabelstapler oder automatische Flurförderzeuge, welche jedes Fach im Regal erreichen können, um dort Ware zu entnehmen oder zu deponieren.

Die früher übliche Einteilung der Lagerfläche in Kammern, die jeweils einer Produktgruppe zugeordnet waren, verliert immer mehr an Bedeutung, da hierbei prinzipiell die Gefahr besteht, dass die Rohstoffe über ihr Haltbarkeitsdatum hinaus gelagert werden. Beispielsweise wären ältere Rohstofflieferungen, die sich im hinteren Kammerteil befinden, schwerer zugänglich, wenn die Kammer vorne zugestellt ist. Das Hochregallager-System ermöglicht dagegen einen unproblematischen Zugriff auf alle Rohstoff-Chargen. Es gilt hier das Prinzip der so genannten **„chaotischen Lagerung“**, das heißt alle Fächer sind gleichberechtigt und werden den eingehenden Rohstofflieferungen zufällig zugeordnet. Ein Computer registriert die jeweilige Fächerbelegung und steuert in der Regel auch die Reihenfolge der Entnahme nach Alter der Rohstoffeingänge, so dass eine Überlagerung ausgeschlossen ist (First-in-first-out-Prinzip).

Da die Rohstoff-Eingänge einer Qualitätsprüfung unterliegen, ist es wichtig, dass der Prüfstatus des betreffenden Rohstoffes vom Computer-System berücksichtigt und so nur bereits **„freigegebenes"** Material entnommen wird. Moderne Qualitätssicherungssysteme sehen zusätzlich die Einrichtung so genannter **Sperrläger** vor, die zur Aufbewahrung fehlerhafter und deshalb nicht freigegebener Materiallieferungen dienen.

Wie erwähnt, nimmt man zu Beginn des Lackproduktionsprozesses im Rohstofflager die Bereitstellung und die Portionierung der zur Auftragserledigung benötigten Rohstoffe und Halbfabrikate vor. Dies bedeutet, dass nicht nur ganze Paletten, Säcke oder Gebinde der jeweiligen Materialien zur Verfügung gestellt, sondern nach Bedarf davon auch Teilmengen abgewogen oder abgefüllt werden. Die so portionierten Rohstoffe werden dann zur nächsten Lackfertigungsstation, nämlich zur Ansetzerei, transportiert. Allerdings werden in modernen Lackfabriken die flüssigen Lackkomponenten (Bindemittellösungen, Lösemittel, bestimmte Halbfabrikate etc.) durchweg mit Hilfe geschlossener Rohrleitungssysteme befördert und in der Ansetzerei dem Lackansatz direkt zudosiert.

5.3.3 Ansetzerei

In dieser Lackfertigungsstufe arbeitet man zunächst nach dem Dispergierrezept die **Pigmente** und **Füllstoffe** in das vorgesehene Gemisch aus Bindemittel, Lösemittel und Netzmittel ein. Diesem Vorgang schließt sich eine erste Phase intensiver Benetzung an, die man im Allgemeinen Vordispergierung nennt.

Das Einarbeiten der Pigmente und Füllstoffe ist oft mit der Entwicklung gefährlicher Stäube verbunden, welche mit Absaugvorrichtungen nicht immer ausreichend beseitigt werden können. Dies gilt ganz besonders für extrem leichte Pigmente und pulverförmige Additive wie Ruße, organische Pigmente und pyrogene Kieselsäure. In solchen Fällen ist das Tragen von Staubmasken unbedingt erforderlich, wenn man chronischen Erkrankungen der Atmungsorgane vorbeugen will!

Das Ausmaß der Staubentwicklung kann aber auch stark durch die Arbeitsweise der Ansetzer beeinflusst werden. Es macht z.B. wenig Sinn, Pigmentsäcke sehr schnell in den Ansatzbehälter zu entleeren, anstatt abzuwarten, dass die bereits eingebrachte Menge vernünftig untergerührt wird. Je länger das trockene Pigment auf einer solchen Ansetzcharge „schwimmt", ohne von der Flüssigkeit benetzt zu werden, desto stärker ist das Risiko der Staubentwicklung und im Übrigen auch der damit verbundene Pigmentverlust. Gerade bei den zum Teil sehr teuren organischen Pigmenten können auf diese Weise erhebliche Summen durch die Absaugung verschwinden, ohne dass der Prozess auch nur ein Deut schneller geworden wäre.

Ein zu schnelles und unsorgfältiges Entleeren von Pigmentsäcken kann außerdem dazu führen, dass Papierfetzen unbemerkt in den Ansatz gelangen. Dies hat in der Regel sehr negative Folgen für die Qualität des Lackmaterials, da die Fetzen bei der Hauptdispergierung zu feinen Fasern zermalmt werden, die sich nachträglich kaum noch aus dem Ansatz heraussieben lassen. Beim Einarbeiten der Pigmente ist auch von eminenter Bedeutung, dass man die Innenwand des Ansatzgefäßes und auch die Rührwelle regelmäßig mit einem langen Spachtelmesser abstreift, damit sich keine unbenetzten Pigmentverkrustungen ansammeln. Solche Verkrustungen können später im Lackfilm leicht zur Stippenbildung führen. Aus Sicherheitsgründen sollte das Abstreifen grundsätzlich bei abgeschaltetem Rührmotor durchgeführt werden!

Wie bereits erwähnt, folgt aufs Einarbeiten von Pigmenten und Füllstoffen ins Mahlgut die Vordispergierung, die gleich im Zusammenhang mit dem Dissolver näher beschrieben wird. Die Aggregate, die in den Ansetzereien hauptsächlich zur Anwendung kommen, sind Rührer und Dissolver. Lediglich bei sehr hoch pigmentierten Systemen, wie z.B. Spachteln, werden auch Kneter und Vakuumdissolver eingesetzt. Da diese Dispergieraggregate jedoch grundsätzlich auch die Hauptdispergierung übernehmen, werden sie im Zusammenhang mit der Dispergierung besprochen (s. S. 92).

Rührer

Als Rührer bezeichnet man in der Regel Aggregate, die keine sehr hohen Umdrehungszahlen pro Minute erreichen (in der Regel nicht über 800 bis 900 UpM), und deren Rührwellen entweder glatte oder nur schwach profilierte Scheiben tragen. Reine Rührer werden im Ansetzbereich nur wenig verwendet. Eine viel größere Rolle spielen sie beim Komplettieren und zum Aufrühren von Halbfabrikaten vor ihrem Einsatz. In der Ansetzerei liegt ihre Hauptanwendung im Aufschließen und Einarbeiten der scherempfindlichen **Aluminium-Pigmente** bei der Fertigung von Metallic-Lacken jeder Art.

Dissolver

Die Dissolver sind mit Abstand die wichtigsten Rühraggregate in den Ansetzereien. Sie unterscheiden sich von den Rührern hauptsächlich dadurch, dass man damit sehr viel höhere Drehzahlen erreicht (in der Regel bis weit über 2000 UpM) und dass ihre Wellen mit **gezahnten Scheiben** ausgestattet sind.

Bei Betriebsdissolvern sind stufenlos regelbare Drehzahlen (eventuell auch Drehzahlautomatik) üblich, ferner haben sie auswechselbare Rührscheiben sowie auf- und abfahrbare Wellen. Es gibt auch Varianten, bei denen mehrere Scheiben an einer Rührwelle angebracht sind, aber auch solche, die mit zwei gegeneinander laufenden Rührwellen arbeiten (Doppelwellendissolver). In Abbildung 23 ist schematisch der Aufbau eines einfachen Dissolvers dargestellt, mit einer Erläuterung seiner wesentlichen Bauteile und Funktionen.

- ***Einsatzaspekte***

Dissolver können, im Gegensatz zu den Rührern, sehr variabel eingesetzt werden. Je nachdem wie hoch ihre Drehzahl eingestellt wird, können sie die Funktion eines Rührers (z.B. beim Einarbeiten der Pigmente und Füllstoffe ins Mahlgut) oder die eines Dispergieraggregates übernehmen (z.B. beim Vordispergieren des Mahlgutes).

Besonders hochleistungsfähige Dissolver verwendet man aber auch zunehmend als **Hauptdispergieraggregate**. Dies geschieht vor allem bei Beschichtungsstoffen, deren Fertigungskosten möglichst niedrig gehalten werden müssen, da unter allen Produktionsmethoden die Dissolverdispergierung mit dem niedrigsten Energieverbrauch und dem geringsten Zeitaufwand verbunden ist. Andererseits weist der Dissolver unter den Dispergieraggregaten die schwächste Dispergierleistung auf, so dass der Dispergiererfolg von der Art der eingesetzten Pigmente und Füllstoffe abhängt.

Erfahrungsgemäß lassen sich mit dem Dissolver die meisten Füllstoffe, Mattierungsmittel, Perlglanzpigmente sowie leicht dispergierbare

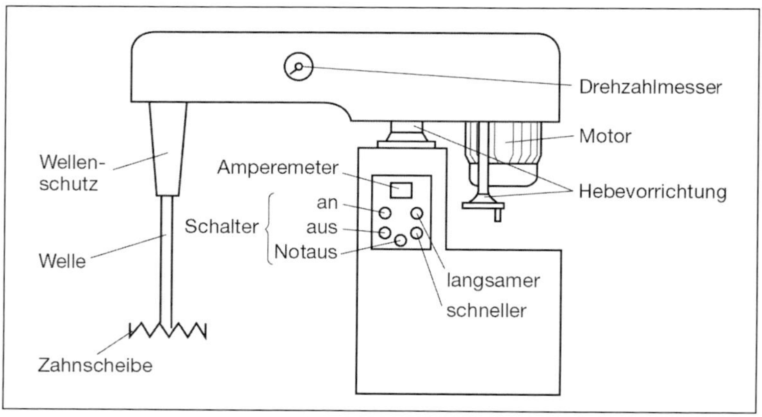

Abbildung 23: Schematische Darstellung eines Dissolvers

anorganische Pigmente mit geringem Überkornanteil (**mikronisiert**) zufriedenstellend dispergieren.

Bei schwer dispergierbaren Pigmenten (z.B. Ruße, hochtransparente Pigmente, pyrogene Kieselsäuren usw.) reichen die Scherkräfte der Dissolver nur zum Vordispergieren aus. Die Bedeutung einer guten Vordispergierung sollte jedoch nicht unterschätzt werden! Sie trägt ganz erheblich zur Erzielung großer Durchsatzleistungen in der nachfolgenden Hauptdispergierphase bei. Dieser Aspekt, obschon altbekannt, wird vielfach zu wenig berücksichtigt. Nicht umsonst ist irgendwann das alte Lacksprichwort entstanden: „Gut gerührt ist halb gemahlen".

- ***Dimensions- und Mahlguteinflüsse***

Für gute Dispergierergebnisse benötigt der Dissolver hohe Mahlgutviskositäten. Sie liegen in der Regel über 10.000 mPas. Ebenso müssen bei der Dissolverdispergierung besondere geometrische Verhältnisse eingehalten werden, so im Einzelnen (gemäß Abbildung 24):

Durchmesser der Rührscheibe:	D
Durchmesser des Behälters:	2 bis 3 D
Einfüllhöhe des Mahlgutes:	1 bis 2 D
Scheibenhöhe über Behälterboden:	0,5 bis 1 D

Ein weiterer wichtiger Parameter für optimale Dispergierergebnisse ist die Umfangsgeschwindigkeit der Dissolverscheibe. Darunter versteht man die

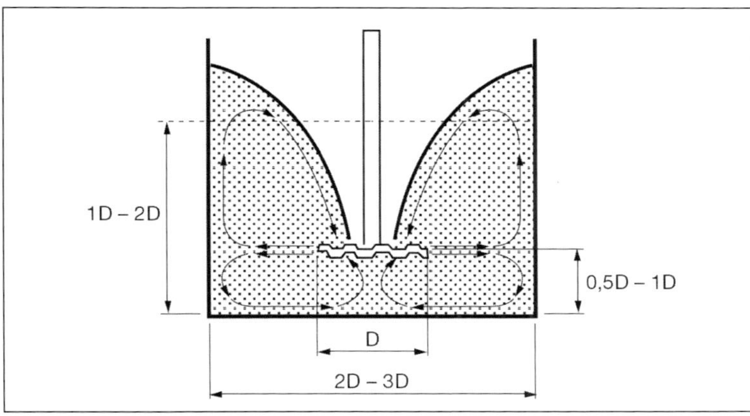

Abbildung 24: Optimale geometrische Verhältnisse bei der Dissolver-Dispergierung

Geschwindigkeit, mit der sich jeder Punkt am Scheibenrand dreht. Sie wird nach folgender Formel berechnet:

$$v = \frac{d \cdot \pi \cdot n}{60\ s}$$

v = Umfangsgeschwindigkeit (m/s)
d = Scheibendurchmesser (m)
n = Rührwellendrehzahl (Upm)
π = Konstante (gleich 3,14)

Die Umfangsgeschwindigkeit ist maßgebend für die Entstehung von Scherkräften zwischen den Flüssigkeitsschichten des Mahlgutes. Diese Kräfte treiben wiederum die Pigmentagglomerate auseinander. Umfangsgeschwindigkeiten unter 20 m/s reichen jedoch für eine echte Dispergierung nicht mehr aus. In solchen Fällen übernimmt der Dissolver die Funktion eines Rührers.

Für eine gute Vordispergierung müssen Umfangsgeschwindigkeiten zwischen 18 und 21 m/s erreicht werden, und der Einsatz eines Dissolvers als Hauptdispergieraggregat erfordert schließlich ca. 25 m/s. Bei richtiger Einstellung der Dispergierverhältnisse wird das Mahlgut von der Dissolverscheibe schraubenförmig zur Behältermitte hingeführt. Dabei sollte in der Mitte des sich bildenden Trichters der Ansatz der Dissolverscheibe sichtbar sein (**Doughnut-Effekt**), zudem darf am Rand des Dispergiergefäßes kein Mahlgut unbewegt bleiben.

Abschließend sei nachdrücklich darauf hingewiesen, dass die rotierenden Wellen von Rührern und Dissolvern eine besondere **Gefahrenquelle** darstellen. So ist bei eingeschaltetem Motor stets ein entsprechender Sicherheitsabstand einzuhalten.

5.3.4 Dispergierung

Wie erwähnt, wird der Dispergiervorgang in der Lacksprache häufig auch „Mahlung" genannt. Dieser Begriff ist jedoch irreführend, weil Mahlvorgänge in der Technik mit der Zerkleinerung relativ großer, kompakter Teilchen verbunden sind. Beim Dispergieren geht es aber um Anhäufungen kleinerer Teilchen, die voneinander getrennt werden sollen.

Der grundlegende physikalische Vorgang bei der Beschichtungsstoffherstellung liegt in der vollständigen Benetzung und darüber hinaus gleichmäßigen Verteilung des Feststoffs Pigment im flüssigen Medium der Bindemittellösungen. Dieser scheinbar einfache Prozess ist in Wirklichkeit mit einer Vielzahl technischer Probleme verbunden, deren Ursachen in der besonderen Natur der Pigmente zu suchen sind. Vor der Dispergierung liegen die Pigmente als Gemische verschiedener Teilchenarten vor, wie Abbildung 25 zeigt.

Primärteilchen

Es sind in der Regel Einzelkristalle bzw. die kleinsten Teilchen eines Pigmentes mit gleichmäßigen optischen Eigenschaften. Wunschziel beim Dispergieren ist es, möglichst viele Primärteilchen zu erhalten. Die Primärteilchen dürfen auf keinen Fall, etwa durch falsche Einstellung der Dispergierparameter oder Wahl einer ungeeigneten Dispergiermethode, zerkleinert werden, da dies mit einer Farbtonverschiebung und oft auch mit einer Verschlechterung der Pigmentbeständigkeit verbunden wäre.

Die Primärteilchen sind meistens äußerst klein! Ihre Abmessungen werden grundsätzlich in „µm" angegeben, wobei 1 µm ein Tausendstel Millimeter ist. Es folgen einige Zahlenangaben über Primärteilchengrößen:

Füllstoffe (für Lacke)	0,1 bis 10 µm
Anorganische Pigmente	0,01 bis 1 µm
Organische Pigmente	0,001 bis 0,1 µm

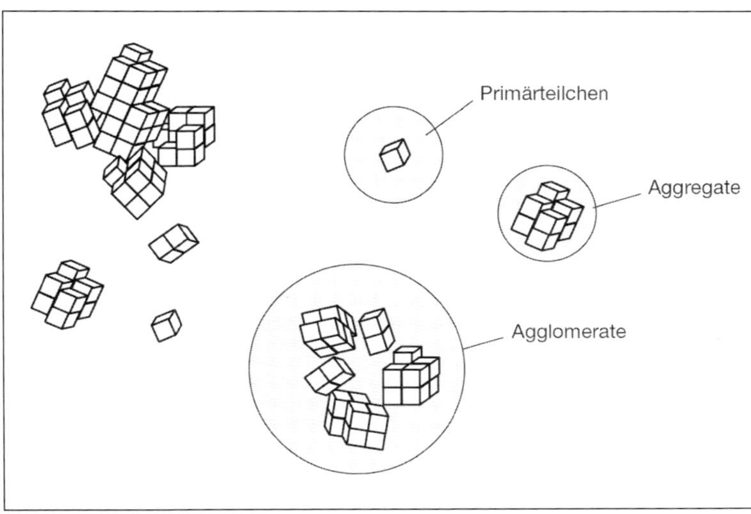

Abbildung 25: Pigmentverteilungsarten (vor dem Dispergieren)

Aggregate

Es sind über gemeinsame Oberflächen sehr fest verbundene Primärteilchen. Pigmentaggregate können in der Regel beim Dispergiervorgang nicht mehr zerteilt werden. Ihre Größe liegt zwischen 0,1 und 10 µm.

Agglomerate

Sie stellen größere und ungeordnete Zusammenballungen von Primärteilchen und Aggregaten dar, welche über Ecken und Kanten miteinander verbunden sind. Die Agglomeration tritt in der Trocknungsphase des Pigmentes bei seiner Herstellung ein. Hierbei werden Anziehungskräfte zwischen den Teilchen wirksam, die auf ihrem gleichen chemischen Aufbau beruhen. Diese Kräfte sind umso stärker, je größer die Gesamtoberfläche aller Pigmentteilchen ist. Mit anderen Worten, je feinteiliger das zu dispergierende Pigment ist, desto schwieriger gestaltet sich die Zerteilung seiner Agglomerate.

Die Größe der Agglomerate kann beachtlich sein und bis 100 µm und mehr betragen. Ziel der Dispergierung ist möglichst vollständiges **Zerteilen der Agglomerate** in Primärteilchen und Aggregate. Dies erfolgt durch Benetzung der Pigmentoberfläche mittels Bindemittel-Lösemittel-Netzmittelgemische und unter Ausnutzung der mechanischen Energie in den Dispergieraggregaten. Diese Energie ist zur Überwindung der großen Kräfte notwendig, welche die Agglomerate zusammenhalten. Beim Dispergiervorgang wird laufend neue Pigmentoberfläche freigelegt, die ebenfalls benetzt werden muss. Je nach Primärteilchengröße der Pigmente kann diese neu entstehende Oberfläche enorme Dimensionen erreichen.

Abbildung 26 illustriert, nach welchem Prinzip sich die Gesamtoberfläche eines würfelförmigen Körpers vergrößert, wenn man diesen nach und nach in immer kleiner werdende Würfel aufschneidet. Bei jeder Halbierung der Kantenlänge des Würfels tritt eine glatte Verdoppelung der Oberfläche ein. Und nun ein Zahlenbeispiel aus der Lackpraxis. In einem Liter eines Beschichtungsstoffes werden beim Einarbeiten von 100 g Pigment mit einer spezifischen Oberfläche von 100 m^2/g(= Gesamtoberfläche aller Primärteilchen, die in einem Gramm Pigment enthalten sind) ca. 10.000 m^2 neue Pigmentoberfläche erzeugt.

Bei der Benetzung dieser neuen riesigen Oberfläche wird auf den festen Pigmentteilchen immer mehr Bindemittellösung **fixiert**, so dass der Anteil an frei schwimmender Flüssigkeit im Lack ständig abnimmt. Dies geht mit einer Viskositätssteigerung im Mahlgut einher, die beim Rezeptieren berücksichtigt werden muss, will man verhindern, dass in der letzten Dispergierphase das Mahlgut nicht mehr pumpfähig ist.

Flockulate

Eine noch so gute Dispergierung hat nur dann Wert, wenn es gelingt, den erhaltenen Dispergierzustand dauerhaft, d.h. bei der Weiterverarbeitung, bei der Lagerung und während der Filmbildung stabil zu halten. Die Stabilität des dispersen Zustandes im Lack ist keine Selbstverständlichkeit, da die Natur eher dazu neigt, ihn mit der Zeit rückgängig zu machen. Durch die Dispergierung haben wir Energie in das Lacksystem gesteckt und es damit auf ein höheres Energieniveau gebracht. Jedes System strebt jedoch ein möglichst niedriges Energieniveau an.

Im Falle unseres Lackes macht sich dies dadurch bemerkbar, dass die zerlegten Pigmentteilchen dazu neigen, sich wieder zusammenzulagern, wenn man sie nicht daran hindert. Die Folge davon wäre eine **Pigmentflockulation**. Sie führt zu einer Verringerung der Anzahl von Streu- und Absorptionszentren im Lack und somit zur Abnahme des Färbevermögens und der Farbtonreinheit des Pigmentes (s. S. 55).

Die dabei entstehenden Pigmentflockulate unterscheiden sich von den ursprünglichen Pigmentagglomeraten dadurch, dass die Hohlräume zwischen den Pigmentkörnchen nicht mit Luft, sondern mit Bindemittellösung gefüllt sind. Flockulate sind deshalb in der Regel weniger fest als Agglomerate.

Eine einfache und sichere Methode, Pigmentflockulate im nassen Lackfilm zu erkennen, ist der so genannte **Rub-out-Test**. Dabei wird der etwas angetrocknete Film an einer Stelle mit der Fingerkuppe leicht gerieben. Wenn Flockulate vorhanden sind, werden sie

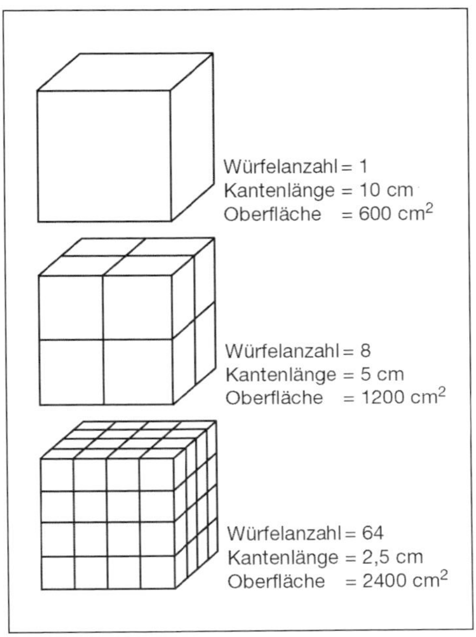

Abbildung 26: Verhältnisse von Teilchengröße und -oberfläche

durch die Fingerbewegung zerstört, so dass an dieser Stelle der ursprüngliche Farbton wiederentsteht. Mit anderen Worten, unterscheidet sich der Farbton an der geriebenen Stelle von dem des restlichen Filmes, so sind Flockulate vorhanden.

Eine weitere, sehr häufig praktizierte Methode zur Flockulaterkennung ist der so genannte **Glasablauf**. Hierbei gießt man verdünntes Lackmaterial auf eine Glasplatte, welche danach senkrecht gestellt wird. Nach Trocknen des Lackfilmes lassen sich vorhandene Flockulate bei Durchsicht der Platte leicht erkennen.

Die Stabilisierung der dispergierten Teilchen beruht im Wesentlichen auf Abschirmung der Pigmentoberfläche mittels Bindemittelmolekülen oder mit Hilfe von **Dispergieradditiven**. Diese verankern sich mit ihren „pigmentfreundlichen“ Gruppen, oft mit Hilfe der Netzmittel, an der Pigmentoberfläche, während sich ihre beweglichen Teile - fast wie „Arme“ - nach außen orientieren.

Wie Abbildung 27 illustriert, halten diese Arme der Filmbildnerhülle andere Pigmentteilchen auf Distanz. Damit wird eine Zusammenballung der dispersen Teilchen räumlich verhindert. Dieser als „sterische Hinderung“ bezeichnete Stabilisierungsmechanismus kann auch durch elektrische Abstoßung gleichnamig geladener Benetzungshüllen unterstützt werden. Wichtig ist bei alledem, dass diese Hüllen vollständig ausgebildet

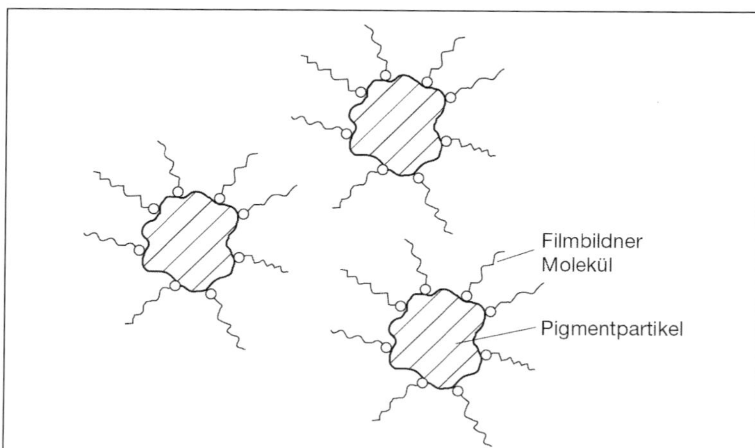

Abbildung 27: Mechanismus der sterischen Hinderung

sind und fest auf der Pigmentoberfläche adsorbiert bleiben. Wir werden bei der Komplettierung sehen (s. S. 111), dass allerdings bestimmte Fehler nachträglich zur Aufhebung dieses Stabilisierungsmechanismus führen können.

Es folgt nun eine Beschreibung der wichtigsten **Dispergieraggregate**, verbunden mit der Gegenüberstellung von Vor- und Nachteilen der jeweiligen Technologie im Hinblick auf die Anforderungen der modernen Lackproduktion.

Planetenkneter und Vakuumdissolver

Beide Dispergieraggregate eignen sich für sehr hochviskose Mahlgüter (Spachtel, Fugenmassen, Kunststoff-Putze usw.). Abbildung 28 zeigt den schematischen Aufbau dieser Geräte.

Kneter sind mit sich um die eigene Achse drehenden, sehr robusten Knetarmen versehen, die so geformt sind, dass bei jeder Drehung ihre Profile auf Lücke ineinandergreifen. Dadurch gerät das pastöse Material ständig in eine Art Zangenbewegung, welche entsprechende Scherkräfte verursacht. Kneter sind eher geeignet für relativ grobe Dispergiervorgänge.

Anspruchsvollere Dispergierergebnisse, z.B. bei der Fertigung hochwertiger Autoreparaturspachtel, erzielt man mit dem Vakuumdissolver. Hier dreht sich in der Behältermitte eine Dissolverwelle mit gezahnter Scheibe

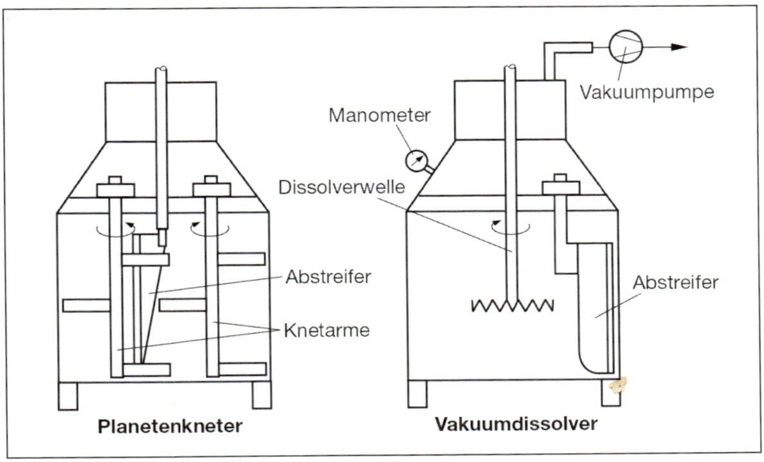

Abbildung 28: Schematische Darstellung typischer Dispergieraggregate

um die eigene Achse. Gleichzeitig wird entlang des inneren Behälterrandes ein Abstreifmesser so geführt, dass die in den Randzonen infolge hoher Viskosität unbeweglichen Materialschichten ständig abgestreift und zur Behältermitte hingeführt werden, wo die Dissolverströmung sie erfasst. Da unter normalen Bedingungen die Dissolverwelle große Luftmengen in das pastöse Material einrühren würde - mit der Gefahr, dass sich später im Lackfilm unerwünschte Poren und Nadelstiche bilden -, findet der Dispergiervorgang unter Vakuum statt, wobei das Material „entlüftet"wird.

Wie erwähnt, setzt die erfolgreiche Anwendung von Knetern und Vakuumdissolvern hohe Mahlgutviskosität und leicht dispergierbare (also relativ grobe) Pigmente und Füllstoffe voraus.

Dissolver

Der Dissolvereinsatz als Hauptdispergieraggregat wurde bereits zusammen mit der Ansetzerei (s. S. 89) ausgiebig besprochen und wird deshalb hier nicht weiter erörtert. Die Dissolver-Technologie ist besonders kosten- und zeitsparend und lässt sich deshalb in all jenen Bereichen einsetzen, wo leicht dispergierbare (mikronisierte) Pigmente und Füllstoffe zur Anwendung kommen. Dies ist insbesondere bei Dispersionsfarben, Straßenmarkierungsfarben, sowie bei vielen Grundierungen und Füllern der Fall.

Dreiwalze

Dieses in früheren Jahren sehr bedeutende Dispergieraggregat wird in der modernen Lackfertigung nur noch sporadisch eingesetzt. Wie der Name sagt, besteht das Gerät aus drei Stahlwalzen. Sie können innen gekühlt werden und sich, entsprechend Abbildung 29, um die eigene Achsen drehen.

Die mittlere Walze ist fest gelagert, während die anderen zwei verstellbar sind, so dass sie mit Hilfe von Einstellschrauben beliebig nah an die

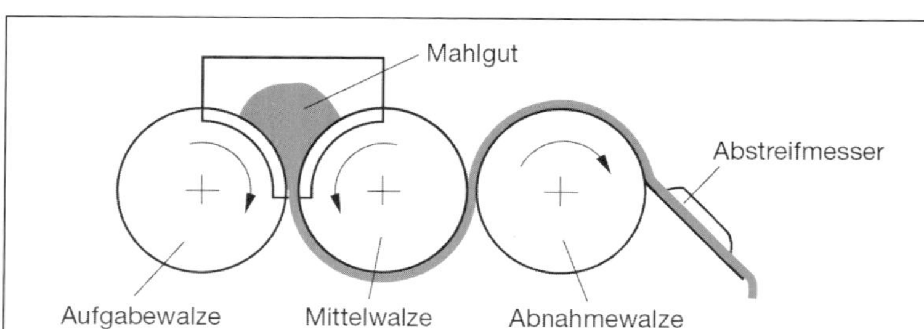

Abbildung 29: Funktionsprinzip der Dreiwalze

mittlere herangeführt werden können. Dadurch können zwischen den Walzen unterschiedlich breite Spalten entstehen. Die hintere (Aufnahmewalze) und die mittlere Walze drehen sich gegenläufig nach innen. Das Mahlgut wird zwischen diesen beiden Walzen aufgegeben und von der mittleren Walze auf die vordere transportiert, welche sich nach außen dreht. An die Vorderwalze (Abnahmewalze) ist ein Abstreifmesser angepresst, das laufend Mahlgut abnimmt und in ein darunter befindliches Gefäß fließen lässt.

Die drei Walzen drehen sich mit unterschiedlichen Umfangsgeschwindigkeiten, und zwar in einem **Verhältnis von 1:3:9** von der hinteren zur vorderen hin. Dadurch werden neben Druckkräften auch Scherkräfte auf die Pigmentagglomerate ausgeübt. Um eine optimale Dispergierung zu erzielen, müssen die Mahlgüter hochviskos bis pastös sein.

Als Hauptvorzug der Dreiwalze gilt ihre Vielseitigkeit. Im Prinzip lassen sich viele Mahlgutvarianten sehr gut darauf dispergieren, vom Füller bis zum Decklack, gleich ob mit leicht bzw. schwer dispergierbaren oder gar mahlungsempfindlichen Pigmenten ausgestattet. Dank der Möglichkeit, die **Spaltenbreite** zwischen den Walzen beliebig zu variieren, kann man sehr unterschiedliche Dispergierbedingungen einstellen. Außerdem gestattet die günstige hohe Mahlgutviskosität eine kompakte Mahlgutformulierung.

Neben diesen unbestreitbaren Vorzügen weist die Dreiwalze jedoch auch einige gravierende Nachteile auf. Die Spaltenbreite optimal und reproduzierbar einzustellen erfordert Erfahrung und Geschick; Vorsicht geboten ist außerdem bei ihrer Bedienung, denn auf Grund der sich gegenläufig drehenden Walzen, besteht erhöhte Quetschungsgefahr. Der Hauptnachteil jedoch, auf welchen zurückzuführen ist, weshalb dieses Dispergieraggregat derart an Bedeutung verlor, ist die hohe **Lösemittelemission**.

Die Dreiwalze ist ein offenes Gerät, in dem beim Dispergierprozess eine sehr große Verdunstungsfläche entsteht; außerdem sind die Reinigungsarbeiten sehr aufwendig und erfordern erhebliche Lösemittelmengen. Diese Aspekte lassen sich kaum mit den heutigen Vorstellungen von Umweltschutz und Arbeitshygiene vereinbaren.

Die aktuelle Anwendung von Dreiwalzen beschränkt sich auf die Herstellung von pastösen, lösemittelarmen und meistens mit ölhaltigen Bindemitteln ausgestatteten Beschichtungsstoffen, aber auch von bestimmten Druckfarben, Pigmentpräparationen und in selteneren Fällen Spachteln und Füllern. Sie kommen außerdem in Betracht, wenn Mahlgüter mit dispergierempfindlichen Pigmenten wie Chromgelb und Molybdatrot zur Bearbeitung anstehen. Hier ermöglicht die Dreiwalze die Einstellung schonender Dispergierbedingungen.

Kugelmühle

Auch dieses Dispergieraggregat hat im Laufe der Zeit sehr stark an Bedeutung verloren. Bis Anfang 1970 galt die Kugelmühle als wichtigstes Dispergiersystem für hochwertige Lacke und Emaillen. Praktisch die gesamte Autolackproduktion, aber auch die Fertigung zahlreicher Maler- und Industrielacke lief über Kugelmühlen.

Ausstattung und Arbeitsweise der Kugelmühle sind in Abbildung 30 wiedergegeben. Die Kugelmühle besteht aus einem liegenden, zylindrischen Hohlkörper, meistens aus Stahl oder harter Keramik, der sich um die

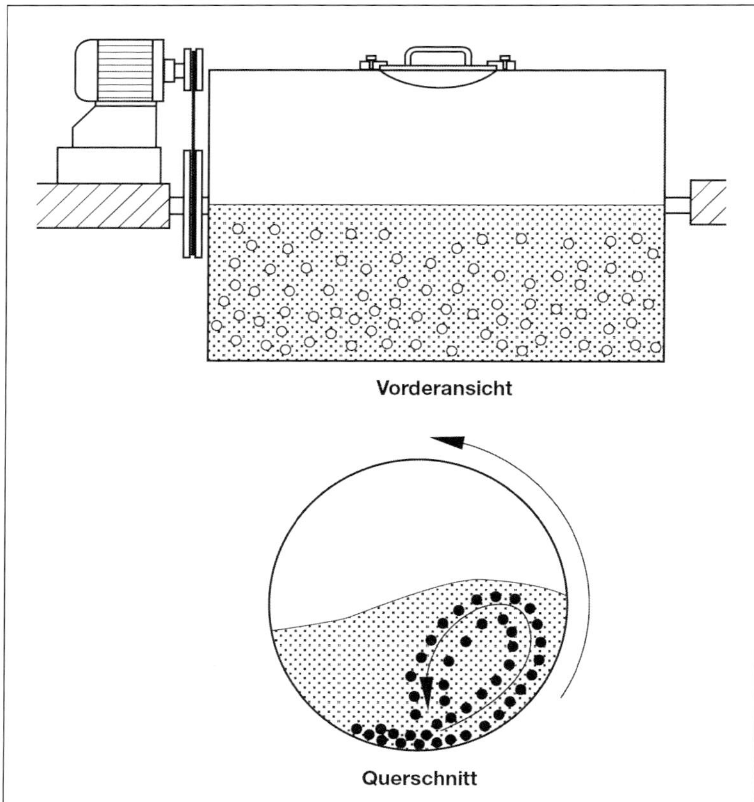

Abbildung 30: Funktionsprinzip der Kugelmühle

eigene Achse drehen kann. Zum Befüllen und Entleeren der Mühle ist an einer Stelle des Zylindermantels eine Öffnung angebracht, die einen verschraubbaren Deckel hat. Große Betriebskugelmühlen sind in der Regel in Öffnungen der Betondecke zwischen zwei Stockwerken montiert. Dies ermöglicht, durch einfache Drehung, ihre Befüllung im oberen und ihre Entleerung im unteren Stockwerk.

Der zylindrische Mühlenbehälter wird zu einem Drittel mit **Mahlgut** und zu einem weiteren Drittel mit **Kugeln** unterschiedlicher Größen aus sehr harten Materialien (Porzellan, Stahl usw.) gefüllt. Das Restvolumen bleibt ungefüllt, damit eine ausreichende Beweglichkeit der Kugeln gewährleistet ist. Die unterschiedlichen Kugelgrößen ermöglichen eine dichtere Packung (kleinere Kugeln schließen die Lücken zwischen den großen) und man erhält damit auch eine größere Dispergieroberfläche. Die Mahlgutviskosität muss hier niedriger als bei den anderen Dispergieraggregaten sein, da sonst die Gefahr besteht, dass Kugeln an der Mühleninnenwand klebenbleiben. Beim Drehen der Mühle werden die Kugeln bis auf eine bestimmte Höhe mitgeschleppt, von der sie dann wieder zurückrollen bzw. nach unten fallen. Die Agglomeratenzerteilung erfolgt hierbei sowohl durch Scherkräfte als auch durch Schlagimpulse.

Eine Gegenüberstellung der Vor- und Nachteile der Kugelmühle zeigt auf der positiven Seite folgende Aspekte:

- Erreichbar sind sehr gute und reproduzierbare Dispergiergrade, auch bei schwer dispergierbaren Pigmenten.
- Da es sich um ein geschlossenes System handelt, tendiert die Lösemittelemission gegen Null - also sehr umweltfreundliches Verfahren.
- Bedienung und Reinigung sind einfach.

Diesen beachtlichen Vorteilen stehen aber zwei entscheidende Nachteile gegenüber, die mit der modernen Fertigungslogistik kaum zu vereinbaren sind:

- Die Kugelmühlen-Dispergierung ist ein diskontinuierliches und chargengebundenes Verfahren, da jede Mühle eine vorgegebene definierte Kapazität hat.
- Die Dispergierzeiten sind **immens lang**. Abhängig von der Art des zu dispergierenden Pigmentes liegen sie zwischen 24 und 240 Stunden.

Kugelmühlen werden heute nur noch vereinzelt für Spezialprodukte eingesetzt, vor allem solche, bei denen es zu keiner Lösemittelemission kommen darf (z.B. bei Tri-Tauchlacken).

Rührwerksmühlen

Hierzu gehören alle Arten von **Perlmühlen**. Sie sind in modernen Lackbetrieben, neben dem Dissolver, die mit Abstand wichtigsten Dispergieraggregate.

An die Stelle der früher üblichen offenen Systeme, in denen mit rundkörnigem Ottawa-Sand bzw. Glasperlen gearbeitet wurde, traten weitgehend die umweltfreundlichen und leistungsfähigeren geschlossenen Maschinen.

- ***Ausführungsformen***

Es gibt inzwischen viele Varianten von Rührwerksmühlen, die jedoch alle auf dem gleichen Funktionsprinzip basieren.

In einem geschlossenen **Mahltopf**, der unterschiedlich geformt sein kann, befindet sich ein **rotierender Körper**. Es ist in der Regel eine mit Scheiben versehene Rührwelle, im Falle der Spalt-Kugelmühle jedoch ein konisch ausgebildeter Rotor. Der Mahltopf ist mit einer definierten Menge Perlen (**Mahlkörper**) aus hartem Material befüllt. Ottawa-Sand bzw. Glasperlen, wie früher üblich, sind weitgehend durch schwerere Zirkoniumoxid-Perlen ersetzt worden, die eine deutlich höhere Stoßwirkung erzeugen können.

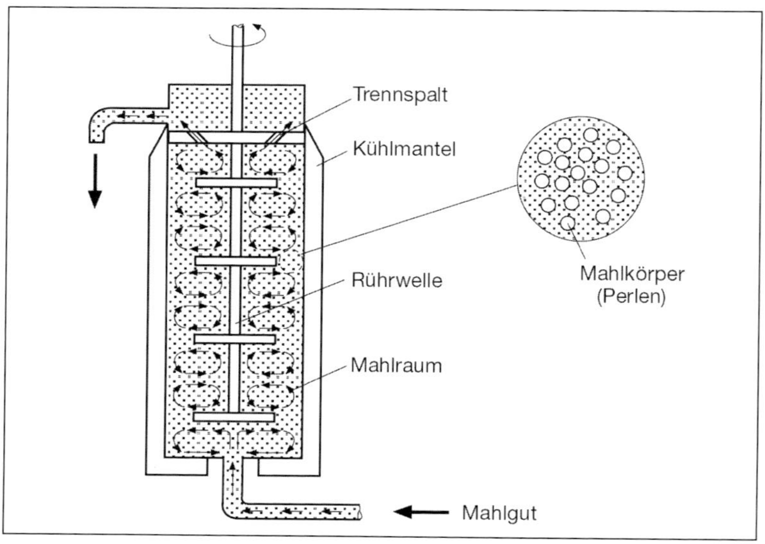

Abbildung 31: Funktionsprinzip einer geschlossenen Rührwerksmühle

Das Mahlgut wird, meistens mittels Zahnrad- oder Membranpumpe, von unten in den Mahltopf hineingepresst und wandert langsam nach oben, bis es, nach Trennung der Mahlkörper, den Mahltopf wieder verlässt. Der Dispergiereffekt beruht auf der Reibung zwischen den Mahlkörpern und den rotierenden Teilen der Mühle.

Die Trennung der Mahlkörper erfolgt entweder durch einen ringförmigen Trennspalt oder mittels eines Trennsiebes, das mit schmalen Schlitzen versehen ist. Da beim Dispergiervorgang grundsätzlich Wärme entsteht, sind die Mahltöpfe mit Kühlmänteln ausgestattet. Darin wandert Kühlwasser von unten nach oben, oft zwangsgeführt mit Hilfe von Kühlschlangen oder Leitspiralen. Die Kühlwasserzufuhr lässt sich automatisch durch einen Thermostaten oder per Hand regeln, so dass die jeweils vorgeschriebene Dispergiertemperatur exakt eingehalten werden kann. Abbildung 31 illustriert schematisch Grundaufbau und Funktion einer Rührwerksmühle.

- ***Zerteilungsvorgänge***

Beim Dispergieren unterliegen die Pigmentagglomerate Reib- und Scher- sowie Schlag- und Stoßvorgängen, so dass sie zu Aggregaten und zu Primärteilchen zerkleinert werden können. Die Reib- und Scherkräfte entstehen einmal zwischen den Flüssigkeitsschichten und der Mahltopfinnenwand, vor allem aber in den Einzugskanälen zwischen den Perlen, da diese sich nicht nur um die rotierende Rührwelle, sondern auch ständig selbst drehen. Die Schlag- und Stoßvorgänge schließlich erfolgen nur zwischen den Perlen. Um eine optimale Dispergierwirkung zu erhalten, muss die Größe der Mahlkörper auf die Größe der zu dispergierenden Pigmentagglomerate abgestimmt sein. Warum, zeigt Abbildung 32.

Hierbei kann man erkennen, dass große Agglomerate kaum in den Einzugsspalt zwischen kleinen Mahlkörpern gelangen können, da diese eine zu enge Kugelpackung ergeben. Aber gerade hier wären die Scher- und Reibungskräfte am wirksamsten! Hinzu kommt, dass beim Stoß zweier kleiner Mahlkörper deren Masse in der Regel nicht ausreichen wird, grobe Agglomerate auseinanderzutreiben. So ist es also sinnvoll, für grobe Agglomerate größere Perlen zu verwenden.

Mit zunehmender Dispergierung werden die Agglomerate immer kleiner, während ihre Anzahl ständig steigt. Um sie alle mit ausreichender Wahrscheinlichkeit zu erfassen, muss die Dispergierfläche der Perlen vergrößert werden. Dies erreicht man durch kleinere Perlen. In der Praxis – vor allem beim Dispergieren feinteiliger Pigmente, was mehrere Mahlgänge

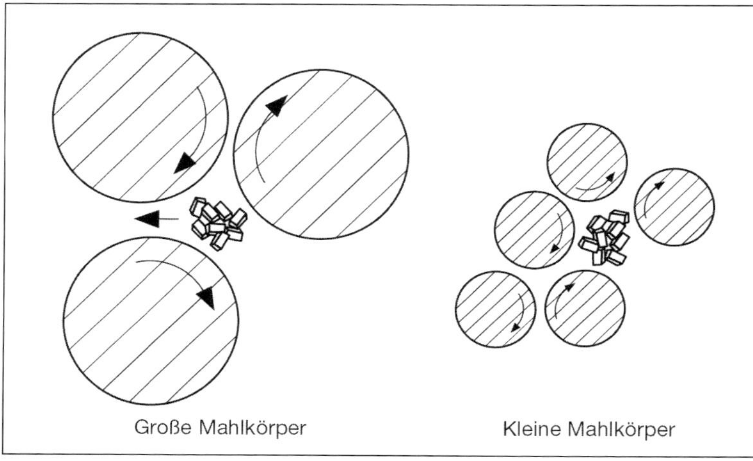

Abbildung 32: Einfluss der Mahlkörpergröße auf die Dispergierwirkung

erfordern würden – schaltet man verschiedene Mühlen hintereinander. So ergeben sich, entsprechend der Anzahl von Mahlpassagen, **Multikammer-Systeme**.

- ***Zweikammer-Mühle***

Abbildung 33 stellt eine Zweikammer-Mühle dar. Hierbei wird die erste Kammer, die der Zerteilung gröberer Agglomerate dient, mit größeren Perlen (2 bis 3 mm) gefüllt und die zweite dann mit kleineren (1 mm) gefüllt. Die Mahlkörperfüllung der Kammern beträgt in der Regel 70 bis 90 % des Mahltopf-Volumens. Der gesamte Dispergiervorgang läuft in einem geschlossenen System ab, so dass nur der Austritt des warmen Mahlgutes aus der letzten Kammer mit nennenswerter Emission verbunden ist. Das von der ersten Kammer kommende Mahlgut wird unmittelbar über einen Schlauch in die zweite Kammer gepresst. Hierfür ist gegebenenfalls mit einer zweiten Pumpe der Druckabfall auszugleichen. Wie erwähnt, ist es beim Mahlgutrezeptieren wichtig, die nach der ersten Dispergierpassage eintretende Viskositätserhöhung zu berücksichtigen.

Außer den hier beispielhaft dargestellten, senkrecht stehenden Rührwerksmühlen gibt es auch horizontal arbeitende, also liegende Varianten (z.B. Dyno-Mill), auf die jedoch hier nicht eingegangen werden kann.

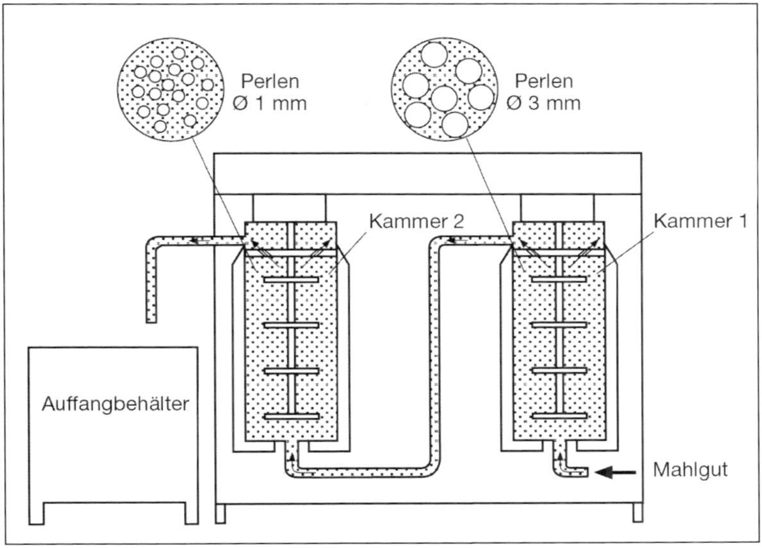

Abbildung 33: Arbeitsweise einer Doppelkammermühle

- ***Spalt-Kugelmühle***

Eine gesonderte Erwähnung verdient aber ein Mühlentyp, der für die Lackindustrie zwar relativ neu ist, aber bereits mit viel Erfolg eingesetzt wird. Es handelt sich um die **Spalt-Kugelmühle**, ein Aggregat, das sich nicht nur optisch, sondern auch technisch von den herkömmlichen Rührwerksmühlen abhebt.

Abbildung 34 zeigt links die Vorder-Gesamtansicht und rechts einen Querschnitt durch die Mühle.

Die Spalt-Kugelmühle hat nicht wie die anderen Rührwerksmühlen eine Welle und Rührscheiben, sondern einen konischen Rotor. Er dreht sich in einem ebenfalls konischen Arbeitsbehälter mit aber etwas größerem Durchmesser, so dass zwischen Rotor und Behälter ein Spalt entsteht. In dem Spalt – Breite je nach Ausführung 6 bis 12 mm – werden die Mahlkörper durch den Rotor in Bewegung versetzt. Zum besseren Verständnis der Abbildung sei erwähnt, dass sowohl Behälter als auch Rotor unten offen sind und im Inneren einen Hohlraum bilden, der nach oben ebenfalls konisch ausläuft. Auf diese Weise wird die Mahlfläche deutlich vergrößert.

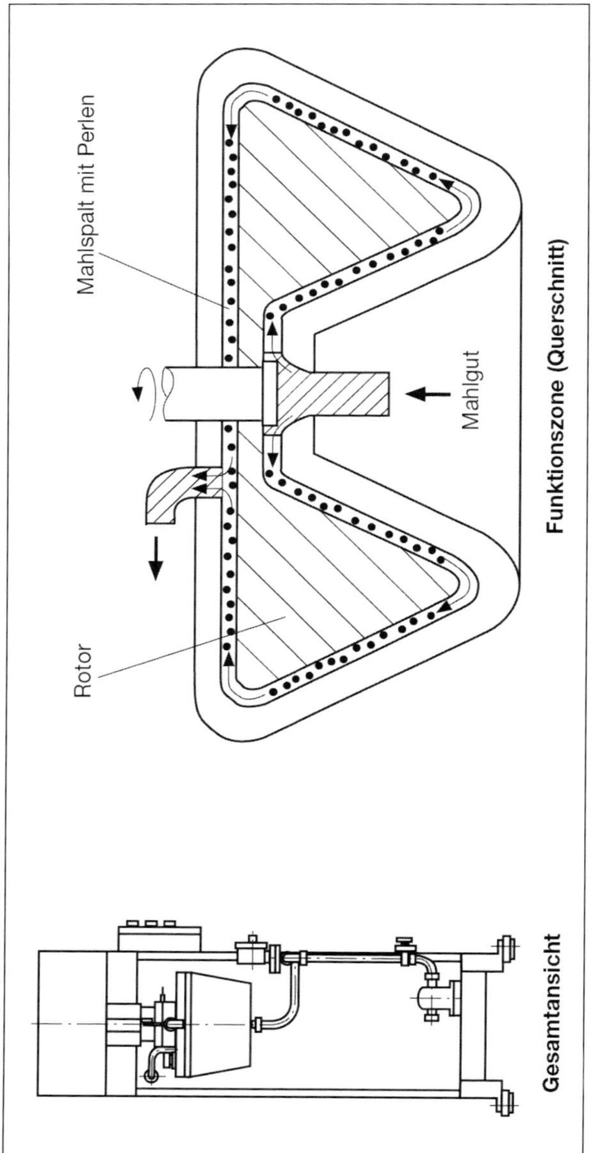

Abbildung 34: Darstellung einer Spalt-Kugelmühle

Wie an der Querschnittsdarstellung zu erkennen, wird das Mahlgut von unten in die Mitte des Dispergierbehälters hineingedrückt und es fließt von dort durch den Mahlspalt, in dem sich die Perlen bewegen. Die Enge des Mahlspaltes führt zu besonders intensiver Reibung mit, auch bei schwer dispergierbaren Pigmenten, sehr guten Dispergierergebnissen. Die Trennung von Mahlgut und Mahlkugeln erfolgt auch hier in einem Trennspalt.

Als Besonderheit der Spalt-Kugelmühle gilt, dass Arbeitsbehälter und Rotor unabhängig voneinander gekühlt werden können, da dieses Aggregat zwei getrennte Kühlungskreisläufe hat.

Dies macht die Spalt-Kugelmühle besonders geeignet für **wasserverdünnbare** Lacke, welche während des Dispergiervorganges nicht über 40 °C erwärmt werden dürfen.

- ***Dispergierparameter***

Bei allen Varianten von Rührwerksmühlen beeinflussen verschiedene **Dispergierparameter** das Dispergierergebnis auf entscheidende Weise. Diese Einflussgrößen können unveränderlicher oder veränderlicher Art sein. Die unveränderlichen (auch Maschinenparameter genannt) sind konstruktionsbedingt und werden quasi mit dem Dispergieraggregat eingekauft. Dazu zählen Mahltopfform, geometrische Verhältnisse von Arbeitsbehälter- und Rotordimensionen, Anzahl und Form der Rührscheiben usw. Wichtiger für die Dispergiervorgänge sind die variablen Dispergierparameter, da sie ganz individuell auf die jeweiligen Mahlgutbelange eingestellt werden müssen. Gerade hier gibt es viele Möglichkeiten zur Verfahrensoptimierung: Auf jeden Fall müssen die variablen Dispergierparameter in den Rezepturen eindeutig definiert sein. Die wichtigsten davon sind:

a) Durchflussleistung und Anzahl der Mahlgänge

Als **Durchflussleistung** ist in den Fertigungsvorschriften diejenige Mahlgutmenge (in kg) definiert, die pro Stunde die Mühle durchfließt. Sie wird durch die Pumpeneinstellung geregelt. Da die Durchflussleistung umgekehrt proportional zur Aufenthaltszeit des Mahlgutes im Mahltopf ist, ergeben niedrigere Durchflussleistungen automatisch eine intensivere Dispergierung als hohe. In der Praxis versucht man aus Wirtschaftlichkeitsgründen, den besten Kompromiss zwischen guter Dispergierung und möglichst schnellem Mahlgutdurchfluss zu finden. Selbstredend ist auch die Anzahl der Mahlgänge, das heißt der Passagen durch die Mühle, von ausschlaggebender Bedeutung für das Dispergierergebnis.

b) Mahlkörperfüllmenge und Art der Mahlkörper

Die Art der Mahlkörper wurde bereits bei der Beschreibung der Rührwerksmühlen diskutiert (s. S. 102). Die Mahlkörperfüllmenge hängt indirekt mit der Stromaufnahme des Rührwellenmotors zusammen. Je höher diese Füllmenge ist, desto stärker wird der Widerstand der Mahlkörper gegen den sich drehenden Rotor sein und um so höher auch der Strombedarf. Die (leicht messbare) Stromaufnahme dient zur Orientierung über die richtige Einstellung der Mahlkörperfüllmenge. Darüber hinaus erfordert die Ermittlung der optimalen Mahlkörperparameter sorgfältige verfahrenstechnische Untersuchungen, wobei nichts dem Zufall überlassen werden darf.

c) Mahlgutviskosität

Im Prinzip gilt der Grundsatz, dass eine niedrige Viskosität des Mahlgutes die Mahlkörperbeweglichkeit erhöht und somit auch das Dispergierergebnis bei Rührwerksmühlen verbessert. Auf der anderen Seite verursachen zu niedrige Mahlgutviskositäten bzw. zu hohe Lösemittelanteile auch erhebliche Nachteile. An erster Stelle sind hier rapide zunehmender Maschinenverschleiß durch die Mahlkörperschleifwirkung und erhöhter Perlenbruch zu nennen. Aber auch die Gefahr der Pigmentflockulation beim Komplettieren (Pigmentschock) wird größer. In der Praxis versucht man mit einem Kompromiss den dispergiertechnischen Aspekten ebenso Rechnung zu tragen wie der Wirtschaftlichkeit, unter Berücksichtigung der beim Dispergieren eintretenden Viskositätszunahme.

d) Dispergiertemperatur

Die Temperatur hat großen Einfluss auf das Dispergierergebnis. Bei höheren Temperaturen ist ganz allgemein die Teilchenbeweglichkeit größer, und damit verbunden verlaufen die **Benetzungsvorgänge** an der Pigmentoberfläche rascher. Andererseits können zu hohe Temperaturen beim Dispergieren in empfindlichen Bindemitteln Vorreaktionen bzw. Zersetzungs- oder Ausfallerscheinungen hervorrufen. Es ist deshalb wichtig, die in den Fertigungsvorschriften enthaltenen Temperaturangaben genau zu beachten. Die Dispergiertemperaturen liegen bei lösemittelhaltigen Systemen in der Regel zwischen 50 und 60 °C. Es gibt aber auch Fälle, bei denen Temperaturen bis 80 °C vorgeschrieben sind.

Wie erwähnt, sind **wasserverdünnbare Filmbildner** durchweg sehr temperaturempfindlich. Vor allem Dispersionen mit hohem Emulgatoranteil können leicht „brechen“, das heißt die Bindemittel darin fallen aus.

Deshalb schreibt man bei diesen Materialien Dispergiertemperaturen von maximal 40 °C vor.

Abschließend bleibt uns noch eine Betrachtung der Vor- und Nachteile der Rührwerksmühlen, ähnlich wie wir es vergleichenderweise bei den anderen Dispergieraggregaten gemacht haben.

Im Prinzip besteht der einzige Nachteil der Rührwerksmühlen darin, dass sie sich nicht als Dispergieraggregate für mahlungsempfindliche Pigmente und pastöse Mahlgüter eignen. Ansonsten weisen sie eine Fülle positiver Aspekte auf, die letztendlich ihre dominierende Stellung in der modernen Lackfertigung erklären. So können Rührwerksmühlen zur Dispergierung beliebig großer Lackmengen eingesetzt werden (**kontinuierliches Verfahren**), ihre Dispergierparameter lassen sich äußerst flexibel auf die Eigenschaften der zu dispergierenden Pigmente einstellen und führen so in allen Fällen zu **optimalen Dispergierergebnissen**, als geschlossene Systeme verursachen sie nur **geringe Emissionen**, und schließlich ist bei ihnen der Personalbedarf niedrig und der **Automatisierungsgrad** hoch.

5.3.5 Besonderheiten bei der Dispergierung von Metallic- und Perleffektlacken

Die so genannten Metallic-Lacke erhalten ihren Metalleffekt durch den Einsatz von **Aluminium-Pigmente**. Diese Pigmente sind in Pastenform lieferbar und erfordern eine besondere Art der Einarbeitung. Die Aluminiumpasten müssen grundsätzlich separat mit dem im Rezept dafür vorgesehenen Lösemittel angeteigt werden, damit die darin enthaltenen AluminiumPlättchen vollständig delaminiert werden. Dieser Vorgang sollte unter besonders schonenden Bedingungen ablaufen, das heißt in der Regel in einem langsam laufenden Rührer mit glatter Scheibe.

Warum eine so schonende Dispergierung (oft spricht man auch vom Aufschluss der Pigmente) unbedingt notwendig ist, lässt sich nur verstehen, wenn man sich den Aufbau der Aluminium-Pigmente und das Zustandekommen des Metalleffektes vergegenwärtigt.

Die Aluminium-Pigmente gewinnt man aus Aluminium-Grieß, der aus feinsten Kügelchen hochreinen Aluminiums besteht. Diese Kügelchen werden in Kugelmühlen – in Gegenwart so genannter „Schmiermittel" und Lösemittel – zu **hauchdünnen Plättchen** platt gedrückt. Hierbei tritt auch eine zunehmende Zerkleinerung der Plättchen ein, an denen so, je nach Technologie, mehr oder weniger unregelmäßig ausgebildete Ränder entstehen können. Den Zusammenhang zwischen Brillanz der Pigmente sowie Größe und Randanteil der Aluminium-Plättchen zeigt Abbildung 35, in der das Prinzip des Metalleffektes dargestellt ist.

Wir sehen (von links) ein Bündel Lichtstrahlen auf die im Lack eingebetteten Alu-Plättchen zukommen. Um die Sache zu vereinfachen, nehmen wir an, dass alle Alu-Plättchen optimal in der Waagerechten liegen. Ein Teil der Strahlen trifft auf die Plättchen und wird von ihnen unterm gleichen Winkel, also wie bei einem Spiegel, in eine bestimmte Richtung reflektiert. Es sind dies die Strahlen, die den Metalleffekt ausmachen. Wenn sich das Auge des Betrachters im Strahlengang befindet, sieht er ein helles Licht. Befindet sich das Auge statt dessen außerhalb des Reflexionswinkels (unten rechts), dann geht das Licht am Betrachter vorbei und er nimmt nur Dunkelheit wahr. Je größer hierbei der Unterschied zwischen Hell und Dunkel in Abhängigkeit vom Betrachtungswinkel ist, desto brillanter und metallischer erscheint uns der Effekt. In der Fachsprache nennt man diesen Helligkeitsunterschied auch **Flop-Effekt**.

Wenn wir diese Zusammenhänge weiter betrachten, stellen wir fest, dass diejenigen Strahlen, die die Alu-Plättchen nur am Rand treffen, nicht – wie die meisten übrigen – in eine bestimmte Richtung, sondern nach allen Richtungen in Form kleiner Teilstrahlen reflektiert werden (diffuse Streuung). So kommt diesen Teilstrahlen zwar nur eine geringe Helligkeit zu, sie sind andererseits aber unter allen Betrachtungswinkeln zu sehen. Der Anteil solcher Strahlen vermindert also den Flop-Effekt und lässt die Metallic-Lackierung insgesamt grauer erscheinen.

Aluminium-Pigmente wirken also im Metallic-System um so grauer, je größer am Alu-Plättchen der Anteil des Randes gegenüber der spiegelnden Fläche ist. Leicht vorstellbar ist es, dass bei einer zu starken Dispergierung von den Alu-Plättchen feinste Teilchen mit dann

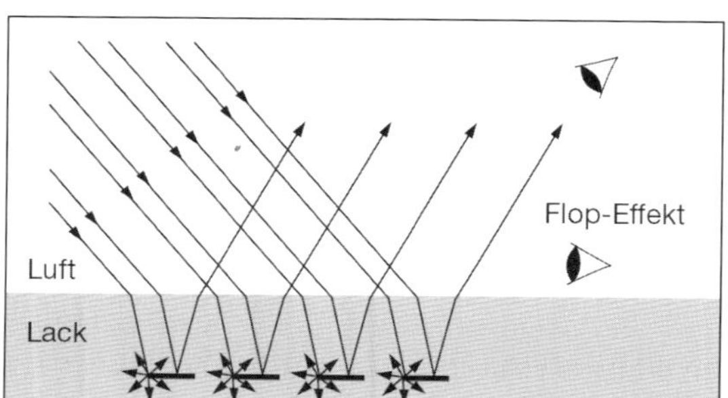

Abbildung 35: Reflexion und Streuung an Aluminium-Plättchen

entprechend hohem Randanteil abgerissen werden können. Dies hätte dann eine verstärkte Zerfransung der Ränder zur Folge, beides also Effekte, die zu einer „Vergrauung“ der Aluminium-Pigmente führen.

Weniger dramatisch verhält es sich bei der Dispergierung von **Perlglanzpigmenten**, welche in zunehmendem Maße ebenfalls für Effektlacke (Pearls) herangezogen werden. Diese Pigmente lassen sich üblicherweise mit dem Dissolver einarbeiten; sie haben übrigens, obschon auch aus sehr dünnen Plättchen bestehend (Basis = Glimmer), eine hohe Elastizität. Allerdings dürfen Perlglanzpigmente - wie die Aluminium-Pigmente - niemals auf Rührwerksmühlen dispergiert werden, weil deren harte Mahlkörper selbst die elastischen Glimmerplättchen zerstören würden.

5.3.6 Komplettierung

Die Komplettierung stellt eine besonders empfindliche Phase der Lackherstellung dar. Fehler beim Komplettieren können gute Dispergierergebnisse wieder zunichte machen, z.B. durch Unverträglichkeiten zu Ausfallerscheinungen führen, außerdem kann die falsche Einstellung von Lieferparametern kostspielige Reklamationen verursachen.

Unter Komplettierung versteht man die Ergänzung des Mahlgutes mit den laut Lackrezept noch fehlenden Komponenten, um einen lieferbaren Beschichtungsstoff zu erhalten. Dieser Vorgang beinhaltet auch die Einstellung von **Liefereigenschaften**, wie Viskosität, Festkörper, Glanz usw. auf die Kundenspezifikationen. Streng genommen gehören auch die Nuanciervorgänge zur Komplettierung, denn durch die dabei notwendigen Zusätze sichert man die Lieferqualität des Lackes im Hinblick auf den Farbton. Andererseits erfordert das Nuancieren besonders viel Aufwand und spezialisiertes Personal, so dass es oft als getrennter Prozessschritt betrachtet wird.

Eine Grundregel, die beim Komplettieren immer beachtet werden muss, ist genaues Einhalten der **Zusatzreihenfolge** bei den Komponenten. Eine falsche Reihenfolge kann zu Ausfallerscheinungen, Flockulation, Stippen- oder Schleierbildung führen. Dies ist fast vorprogrammiert bei Rezepturen, welche nicht ganz verträgliche Komponenten enthalten und deshalb auf die Vermittlerfunktion bestimmter Lösemittel angewiesen sind. Unzulässig ist es auch, mehrere Zusatzstoffe (Additive) gemeinsam abzuwiegen und als Gemisch dem Mahlgut zuzugeben. Additive müssen stets einzeln eingerührt werden!

Ein vorheriges Zusammenmischen kann zur Aufhebung der beabsichtigten Wirkung (z.B. bei Sikkativen und Antihautmitteln), zu unkontrollierbaren

Effekten (z.B. Kraterbildung bei unterschiedlichen Silikonöllösungen) oder gar zu gefährlichen Reaktionen (z.B. bei Peroxiden und Beschleunigern) führen.

Besondere Aufmerksamkeit ist beim Komplettieren der Gefahr verschiedener Schockerscheinungen zu widmen. Die wichtigsten davon sind der **Lösemittelschock** und der **Pigmentschock**. Sie stellen zwei der bei Fehlkomplettierungen häufigsten Störungen dar. In beiden erscheint der ursprünglich erreichte Dispergierzustand des Mahlgutes durch **Reagglomeration** der Pigmentteilchen wieder rückgängig gemacht. Sind die dabei entstehenden Pigmentanhäufungen weiche Flockulate (s. Flockulation s. S. 95), dann lässt sich in der Regel durch geringe Scherkräfte der ursprüngliche Dispergierzustand wiederherstellen. Manchmal ist die Reagglomeration der Pigmentteilchen aber so stabil, dass sie nur durch erneute Dispergierung behoben werden kann.

Sowohl Lösemittel- als auch Pigmentschock basieren auf einem Grundphänomen der Natur. Wenn an der Grenze zwischen zwei Stoffsystemen ein Konzentrationsunterschied in Bezug auf einen Stoff vorliegt, so versuchen die sich berührenden Systeme, die Konzentration dieses Stoffes durch Diffusion auszugleichen. Mit anderen Worten, ein Teil dieses Stoffes wandert vom System mit der höheren Konzentration zu dem mit der niedrigeren.

Lösemittelschock

Er kann in einem lösemittelarmen Mahlgut auftreten beim plötzlichen Zugeben von reinen Lösemitteln oder bei einer Lösemittelzugabe ohne ausreichendes Rühren. Abbildung 36 erläutert den Vorgang.

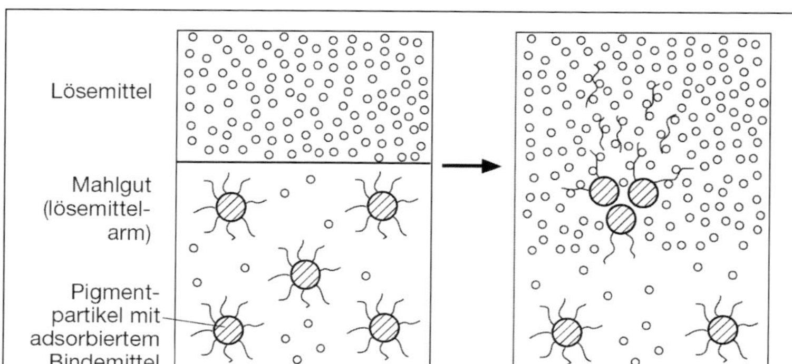

Abbildung 36: Lösemittelschock

An der Grenzschicht zwischen Mahlgut und Lösemittel baut sich ein Konzentrationsgefälle auf. Um es auszugleichen, versucht das Lösemittel sehr schnell in das angrenzende Mahlgut hineinzudiffundieren und dabei löst es sowohl das Bindemittel und als auch das Netzmittel von den Pigmentteilchen herunter. Diese können sich jetzt ungehindert gegenseitig anziehen und so agglomerieren.

Um einen Lösemittelschock zu verhindern, ist es also erforderlich, die Lösemittel portionsweise und unter stetem Rühren zuzugeben.

Pigmentschock

Wird zu einem niedrigviskosen, lösemittelreichen Mahlgut ein hochviskoses, lösemittelarmes Bindemittel zugegeben, so kann Lösemittel vom Mahlgut ins hochviskose Bindemittel hineinwandern. Die Folge ist eine starke Annäherung der Pigmentteilchen bis hin zur Reagglomeration. Dieser Vorgang ist in Abbildung 37 dargestellt. Hier ist es ratsam, mit vorverdünntem Bindemittel zu komplettieren. Ist dies nicht möglich, muss das hochviskose Bindemittel unter Rühren langsam zugesetzt werden.

Es wurde eingangs erwähnt, dass zur Komplettierung auch das Einstellen wichtiger **Lieferparameter** gehört. Dies erfolgt durch Zudosieren der in den Rezepturen als freie Mengen vorgesehenen Bestandteilen. Der Einstellvorgang erfordert zur Verifizierung durchgeführter Korrekturen entsprechende Messungen, welche sich aber in der Regel in einem Betriebslabor durchführen lassen.

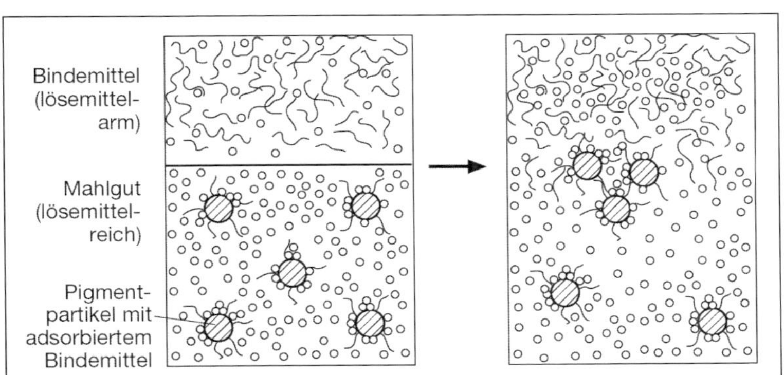

Abbildung 37: Pigmentschock

Einstellung der Viskosität

Die Einstellung der so genannten **Lieferviskosität** von Beschichtungsstoffen erfolgt in der Regel mit Hilfe des Auslaufbechers nach EN ISO 2431 (früher DIN 53 211). In selteneren Fällen wird auch mit dem ISO-Becher gearbeitet. Bei diesen Bestimmungsmethoden wird die Zeit (in s) angegeben, die der Lack benötigt, um durch eine Düse aus dem Becher zu fließen. Ist diese Zeit länger als in den Spezifikationen angeführt, hat man den Lack durch Lösemittelzugabe entsprechend zu verdünnen.

Diese Messmethoden sind im Lackbereich weit verbreitet, weil sie sich sehr einfach und schnell und an jedem Ort ohne apparativen Aufwand durchführen lassen. Es sollte allerdings beachtet werden, dass bei stark thixotropen bzw. strukturviskosen Beschichtungsstoffen die Reproduzierbarkeit der Viskositätsbestimmungen nur begrenzt ist. Die Sorgfalt, mit der solche Messungen durchgeführt werden, zahlt sich oft aus, wenn es darum geht, interne Auseinandersetzungen mit den Freigabestellen oder auch externe Reklamationen zu vermeiden.

Da die Viskosität temperaturabhängig ist, kommt der Einstellung der vorgeschriebenen Probentemperatur eine besondere Bedeutung zu. In modernen Betriebslabors erfolgt die Temperatureinstellung meistens mit Hilfe von Thermostaten, die mit Temperierbecken für die Proben versehen sind.

An dieser Stelle muss erwähnt werden, dass der durchaus übliche Begriff **„Viskositätsmessung“** im Zusammenhang mit den soeben beschriebenen Auslaufbecher-Methoden eigentlich nicht korrekt ist. Mit dem **Auslaufbecher** wird unmittelbar nur die **Auslaufzeit** gemessen. Die Viskosität kann eventuell indirekt daraus abgeleitet werden, vorrausgesetzt, die zu messenden Flüssigkeiten zeigen ganz oder zumindest annähernd Newton'sches Viskositätsverhalten (s. S. 69).

Glanz- und Farbtonkorrektur

Glanzkorrekturen nimmt man meistens zu niedrigeren Glanzeinstellungen hin vor. Dies geschieht mit Hilfe so genannter **Mattierungsmittel**, die eine mikroskopisch feine Aufrauhung der Lackoberfläche verursachen. In Abbildung 38 ist der Mattierungsmechanismus schematisch dargestellt.

- ***Mattierung***

Die wichtigsten Mattierungsmittel sind Gelkieselsäuren, bestehend aus hochporösen Siliciumdioxidteilchen. Sie verursachen an der Lackoberfläche lauter winzige „Berge und Täler“, an denen das einfallende Licht nicht spiegelmäßig reflektiert (Glanz), sondern nach allen Richtungen gestreut wird. Je stärker und je gleichmäßiger verteilt die Rauhigkeit ist, desto matter erscheint der Lackfilm.

Selbstverständlich muss die Teilchengröße der Mattierungsmittel auf die Schichtdicke des Lackfilms sorgfältig abgestimmt sein. Ein zu feines Mattierungsmittel würde in einer dicken Lackschicht regelrecht „ersaufen" und deshalb die Oberflächenstruktur kaum beeinflussen können. Hingegen führte ein zu grobes Mattierungsmittel leicht zu Stippenbildung. Die üblichen Gelkieselsäuren liegen in einem Korngrößenbereich zwischen 2 und 8 μm vor. Ihre hohe Porosität macht die Teilchen empfindlich gegen Druck und somit dispergierempfindlich. Mattierungsmittel werden korrekterweise mit Dissolver bei einer Umfangsgeschwindigkeit von ca. 16 m/s eingearbeitet.

Eine Dispergierung auf der Rührwerksmühle ist zu vermeiden, da hierbei das Risiko einer Zerkleinerung der Teilchen und somit einer Veränderung ihrer Mattierungswirkung bestünde! Korrekturen des Glanzgrades zu höherem Glanz hin erfolgen durch Bindemittelzugabe, was allerdings nur in begrenztem Umfang möglich ist. Hochglanzstufen sind durch nachträgliche Korrekturen kaum mehr einstellbar und müssen von vornherein durch richtige Pigmentierungshöhe und eine geeignete Dispergiertechnologie erreicht werden.

- ***Nuancierung***

Wie erwähnt, kommt dem **Nuancieren**, das heißt der richtigen Farbtoneinstellung eines Lackmaterials, in qualitativer Hinsicht eine besondere Bedeutung zu. Farbtonkorrekturen erfolgen heute fast ausschließlich am Mischlack- oder Tönpastensystem. Die einzelnen Mischlacke bzw.

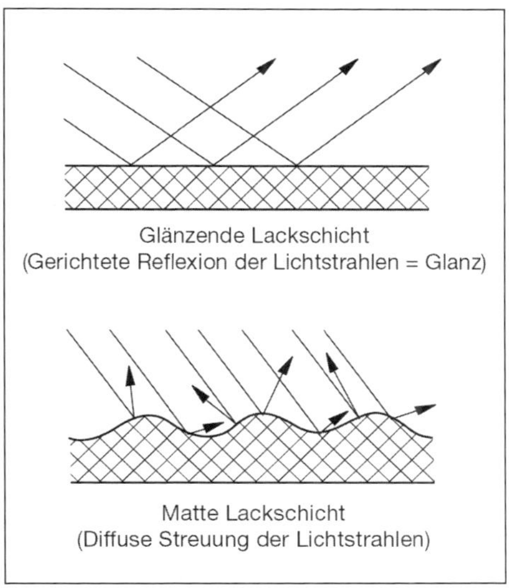

Abbildung 38: Lichtreflexion bei glänzender und bei mattierter Lackschicht

Tönpasten enthalten das gleiche Bindemittel wie die einzustellenden Farbtonrezepturen, so dass absolute Verträglichkeit gewährleistet ist. Auf keinen Fall dürfen zum Nuancieren systemfremde Pasten eingesetzt werden! Selbst wenn sie nur in Kleinstmengen verwendet würden, könnten sie durch Unverträglichkeit ganze Lackansätze verderben.

Bei allen Nuanciervorgängen ist darauf zu achten, dass die Tönpasten vor ihrem Einsatz gut aufgerührt werden. Dies gilt auch vor der Probenübergabe an die Prüfstellen zur Farbtonkontrolle. Erfahrungsgemäß stimmen schlecht aufgerührte Tönpasten und Mischlacke nicht im Farbton. Hierbei macht sich besonders negativ die Tatsache bemerkbar, dass bei jeder Entnahme sich die Pigmentkonzentration unkontrolliert verändert, so dass man die Färbstärke kaum noch vernünftig einschätzen kann.

Beim Nuancieren werden die Proben zur schnellen Zwischenbeurteilung des Farbtones oft einfach aufgestrichen. Hierbei ist besonders auf die Deckfähigkeit des Lackes zu achten, denn ein Durchschimmern des Untergrundes verfälscht zwangsläufig die Beurteilung.

5.3.7 Abfüllung

Hinter dem scheinbar einfachen Vorgang der Abfüllung fertiggestellter Beschichtungsstoffe verbirgt sich in Wirklichkeit eine Reihe von Gefahren für die Qualität. Die Abfüllung ist das letzte Glied der Lackfertigungskette. Was in der Abfüllphase falsch läuft, wird in der Regel erst beim Kunden bemerkt und führt unmittelbar zu Reklamationen.

Neben der Vermeidung allgemeiner Fehler, wie falsches Etikettieren, Verwenden unsauberer oder feuchter Gebinde, Arbeiten mit schlecht gereinigten Sieb- und Filtrationsaggregaten usw., stehen hier Störungen in Bezug auf die **Sauberkeit** des abzufüllenden Materials ganz im Vordergrund. Schmutzpartikel können im Fertigungsverlauf aus den verschiedensten Quellen in das Lackmaterial gelangen.

Die häufigsten Ursachen für Lackmaterialverschmutzungen können sein:

- aus den Rohstoffen herrührende Verunreinigungen,
- trockene Rückstände aus schlecht gereinigten Ansetzbehältern und Dispergieraggregaten,
- Perlenabrieb,
- Gelteilchen aus Filmbildnerlösungen,
- Überkorn bei schlecht dispergierten Pigmenten,

- im Fall von Effektlacken, agglomerierte oder schlecht aufgeschlossene Alu-Plättchen bzw. Perlglanzpigmente,
- Fasern aus Papiersäcken oder Filtermaterial.

Schmutzbeseitigung

Zur Beseitigung der Schmutzpartikel stehen, je nach Problemstellung, zwei Hauptverfahren zur Auswahl: **Klärfiltration** (auch Tiefenfiltration genannt) und **Klassieren**. Bei beiden Verfahren kann man auf verschiedene Sieb- und Filteraggregate zurückgreifen. Der Unterschied zwischen Sieben und Filtrieren hängt an erster Stelle von der Art des zur Stofftrennung verwendeten Materials ab.

Zum Sieben werden einlagige Gewebe mit exakt definierter Maschenweite verwendet. Das Filtrieren erfolgt mit Hilfe faseriger Stoffe, in der Regel Cellulose-, Kunststoff- oder Glasfasern, die unter Druck - und manchmal bei höheren Temperaturen - zu porösen Massen verpresst werden. Diese oft dickeren Filtrationsschichten besitzen Poren, deren Größe innerhalb bestimmter Grenzen schwankt. Diese Unterschiede werden in Abbildung 39 sichtbar.

Als Klärfiltration bezeichnet man jene Verfahren, welche zur vollständigen Abtrennung von Verunreinigungen und Feststoffen aus Klarlacken führen. Diese Aufgabe lässt sich am besten mit Filtern lösen.

Unter Klassieren versteht man das Aussieben bzw. das Trennen größerer Teilchen von kleineren. Dies ist notwendig, wenn man pigmentierte Lacke reinigen will, ohne nennenswerte Pigmentanteile aus dem Lack zu entfernen.

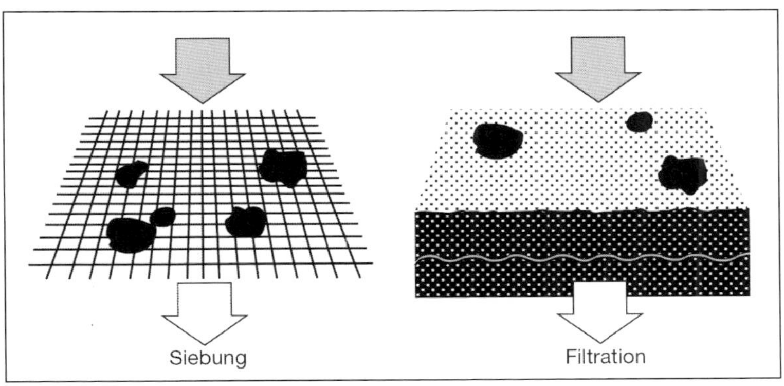

Abbildung 39: Übliche Trennverfahren für Schmutzpartikel

Besonders schwierig gestaltet sich diese Aufgabe bei Metallics, wenn etwa Fasern und Stippen abzutrennen sind, ohne dass dabei die Alu-Plättchen bzw. die Perlglanzpigmente herausgesiebt werden. Zum Klassieren eignen sich demnach eher Siebaggregate, da man die Siebmaschenweite viel genauer auf die Größe der abzutrennenden Teilchen abstimmen kann.

Es folgt nun eine kurze Beschreibung der in der Lackindustrie üblichen Sieb- und Filtrationsmethoden.

Rahmen- und Schüttelsiebe

Sie bestehen aus einem Rahmen, in den ein **Siebgewebe** aus Metall oder Kunststoff eingespannt wird. Es empfiehlt sich, den zu reinigenden Beschichtungsstoff portionsweise aufs Sieb zu geben, um so, bei Verstopfung der Maschen, ein Überlaufen zu verhindern. Mit Exzenterhilfe kann das Sieb in eine Schüttelbewegung versetzt werden, die den Siebvorgang beschleunigt.

- ***Siebsystem mit Rückspülung***

Es besteht aus einem geschlossenen Gehäuse, in dem ein Siebgewebe senkrecht zwischen zwei Lochplatten eingespannt ist. Das Siebgehäuse wird mit tels Speisepumpe ständig befüllt und dabei das Siebgut durch das Gewebe gedrückt. Eine Teilmenge des gesiebten Materials wird durch eine rotierende Düse zurückgeführt und spült so fortlaufend das Siebgewebe frei. Diese Methode ist für die Reinigung von Metallics besonders geeignet!

- ***Beutelfiltersysteme***

Sie arbeiten nach dem Prinzip der Druckfiltration. Die zu filtrierende Flüssigkeit

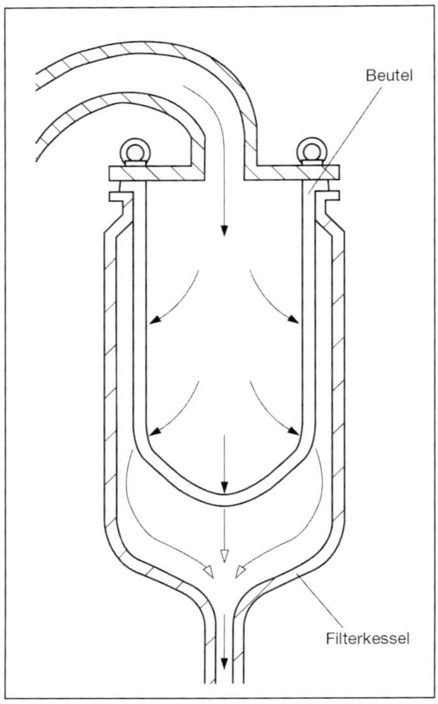

Abbildung 40: Beutelfiltration

durchströmt von innen nach außen einen **Filterbeutel**, der in einem Filterkessel an einem Adapterring hängt. Abbildung 40 gibt schematisch das Funktionsprinzip wieder. Die Filterbeutel können aus den verschiedensten Materialien bestehen und damit eine große Porositätsbandbreite abdecken. Auch die Anwendung von Siebbeuteln ist möglich. Je nach Ausstattung eignet sich das Verfahren sowohl für die Klärfiltration als auch zum Klassieren. Ein besonderer Vorteil dieses Systems besteht darin, dass beim Auswechseln der Beutel die Gefahr einer nachträglichen Lackverschmutzung sehr gering ist, da die Verunreinigungen im Beutel eingeschlossen bleiben.

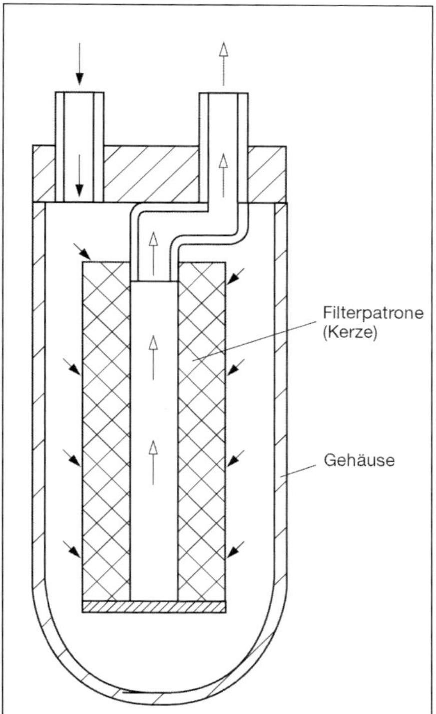

Abbildung 41: Kerzenfiltration

- ***Kerzenfiltration***

Sie findet in Filtergehäusen statt, deren verschraubbare Deckel mit Ein- und Ausfüllstutzen fürs Lackmaterial versehen sind. Im Gehäuseinneren steckt auf dem Ausfüllstutzen eine **Filterpatrone** (Kerze). Das zu reinigende Material wird von außen durch die Patronenwandung gepresst und steigt dann in gereinigter Form im Inneren der Patrone nach oben (Abbildung 41). Da die Patronen eine sehr große innere Filtrationsoberfläche aufweisen, sind sie - je nach Beschaffenheit - auch für schwer zu reinigende Materialien geeignet.

6 Lack und Umwelt

6.1 Umwelt- und Arbeitsschutzgesetzgebung

6.1.1 Allgemeine Problematik

In früheren Zeiten hatte die Lackentwicklung als Hauptziele die Verbesserung der anwendungstechnischen Eigenschaften und/oder die Verbilligung von Beschichtungssystemen. Im Mittelpunkt aller Forschungs- und Entwicklungsvorhaben standen Fragen wie Licht- und Wetterbeständigkeit, Glanz, Verlauf, Widerstandsfähigkeit gegen Chemikalien, Verarbeitbarkeit usw. und natürlich der Preis.

Obschon diese Eigenschaften ihre Aktualität nicht verloren haben, werden die Entwicklungsstrategien im Lackbereich heute, zunehmend von **Umwelt**- und **Arbeitssicherheitsaspekten** mitbestimmt. Dies hat seine Ursachen in einer immer schärfer werdenden Umweltgesetzgebung, die zudem - als Folge der Globalisierung der Wirtschaft - eine verstärkte Tendenz zur internationalen Harmonisierung zeigt.

Die Entwicklung neuer Lacksysteme beginnt heute nicht selten mit der Beantwortung von Fragen, die im Zusammenhang stehen mit der Einhaltung von Richtlinien und Auflagen, z.B. der Betriebssicherheitsverordnung, der Gefahrstoffverordnung, der TA-Luft (Technische Anleitung zur Reinhaltung der Luft), dem Kreislaufwirtschafts- und Abfallgesetz sowie weiteren umfangreichen Gesetzestexten.

Die definierten Ziele sind dabei:

- Reduzierung der **Emission organischer Lösemittel**
- Beseitigung **toxischer Lackkomponenten** und **Reaktionsprodukte**
- **Abfallvermeidung** bzw. -**verwertung**
- Bessere Ausnutzung von **Rohstoffen** und **Energie**.

In diesem Zusammenhang kommt der Emissionsreduzierung weltweit eine zentrale Bedeutung zu, weil die organischen Lösemittel erwiesenermaßen

Paolo Nanetti: Lack für Einsteiger

ISBN: 978-3-86630-881-7

zu den Hauptverursachern von äußerst beunruhigenden Umwelterscheinungen wie **Treibhauseffekt, Ozonloch, Waldsterben, Sommersmog** usw. zählen. Die Folge davon ist eine zunehmende Sensibilisierung der öffentlichen Meinung, letztendlich auch Ursache für die sich verschärfende Umweltgesetzgebung, welche sich beispielsweise in der europaweiten Einführung von **VOC-Grenzwerten** (VOC = Volatile Organic Compounds; dt. flüchtige, organische Bestandteile) aktuell widerspiegelt.

Ein weiterer Grund für die Dringlichkeit der Lösemittelreduzierung liegt in der **Gesundheitsschädlichkeit** der meisten organischen Lösemittel. Über deren Gefährdungspotenzial gibt es dank ständig verbesserter arbeitsmedizinischer Verfahren und Langzeituntersuchungen heute immer genauere Aussagen, mit der Konsequenz, dass die MAK-Werte (MAK = maximale Arbeitsplatzkonzentration) von früher als relativ harmlos geltenden Lösemitteln, wie z.B. Xylol und Styrol, inzwischen erheblich reduziert wurden.

Zu diesen besonders aktuellen Aspekten kommen noch weitere altbekannte Negativpunkte hinzu, wie Brand- und Explosionsgefahr, Preis, Entsorgungsprobleme usw. Kein Wunder also, dass die gebündelten Anstrengungen der Lackindustrie in den letzten Jahrzehnten hauptsächlich der Verminderung bzw. Beseitigung des Lösemittelanteils in Beschichtungsstoffen gegolten haben. Und welche Alternativen wurden dabei entwickelt?

Bevor wir versuchen, diese Frage zu beantworten, sollte der Leser einen kurzen Einblick in die gravierenden Veränderungen hinsichtlich der **internationalen** und **deutschen Umwelt**- und **Arbeitsschutzgesetzgebung** erfahren, welche seit einigen Jahren die Lackindustrie direkt betreffen. Aus Gründen der Übersichtlichkeit wird in diesem Buch darauf verzichtet, anlagetechnische Regelungen für die Lackverarbeitung und Prozeduren der Abfall- und Abwasserbeseitigung detailliert anzusprechen.

6.1.2 VOC-Emissionen, REACH und GHS

Es wurde bereits erwähnt, dass das Kürzel **VOC** für **V**olatile **O**rganic **C**ompounds steht. Inzwischen sind aber auch die Begriffe VVOC (**V**ery **V**olatile **O**rganic **C**ompounds) und SVOC (**S**emi **V**olatile **O**rganic **C**ompounds) im Gebrauch, um besonders leicht flüchtige bzw. eher schwer flüchtige Bestandteile zu bezeichnen. Die Einteilung erfolgt anhand des Siedebereichs bzw. des Dampfdrucks der betreffenden Komponenten.

Bis 2004 wurden die VOC-Emissionen ausschließlich durch verschiedene im Bundesimmissionsschutzgesetz (BimSchG) eingebettete Verordnungen, und durch die TA-Luft reglementiert, welche u.a. auf Vorgaben der EU-Richtlinie 1999/13/EG zurückgreifen. Hierbei werden sowohl Emissionsgrenzwerte pro m^2 beschichtete Oberfläche (bei Anlagen für die Automobillackierung) als auch Grenzwerte für den Kohlenstoffgehalt in den Abgasen einer Lackieranlage festgelegt.

Mit der **EU-Decopaint-Richtlinie 2004/42/EG** wurde erstmalig ein produktbezogener Stufenplan zur Einführung von VOC-Grenzwerten in Formulierungen von Beschichtungsstoffen für den Bauten- und Fahrzeugreparatursektor eingeleitet, an dessen Ende im Jahre 2010 eine erhebliche Reduzierung der VOC-Komponenten in den Rezepturen erzielt wurde. Für die Umsetzung dieser Decopaint-Richtlinie ins deutsche Recht sorgt die „Lösemittelhaltige Farben- und Lack-Verordnung" (ChemVOCFarbV).

Unter der Bezeichnung **REACH** (**R**egistration, **E**valuation, **A**uthorisation of **C**hemicals) wurde vom Europaparlament am 1. Juni 2007 ein neues Gesetz zur Bewertung chemischer Substanzen verabschiedet. Es sieht zunächst eine Registrierung der verwendeten Stoffe bei einer für diesen Zweck neu gegründeten Europäischen Chemikalienagentur (ECHA) mit Sitz in Helsinki vor. Die Registrierung betrifft Stoffe mit einem jährlichen Umsatz über einer Tonne. Für die Registrierung ist die Einreichung eines **technischen Dossiers** des Stoffes mit Angaben über Einstufung, Kennzeichnung, Herstellung und Verwendung erforderlich. Für Stoffe mit einem Umsatz über 10 Jahrestonnen muss außerdem ein **Stoffsicherheitsbericht** (CSR/Chemical Safety Report) mit Ermittlungsergebnissen über schädliche Wirkungen auf Mensch und Umwelt und einer Risikobeschreibung angefertigt werden.

Aufgrund der eingereichten Daten wird ein Zulassungsverfahren für die Verwendung des Stoffes in den EU-Ländern durchgeführt. Bei gefährlichen Stoffen ist eine Zulassung gekoppelt mit dem Gebot einer **Substitution** durch weniger bedenkliche Produkte. Dies gilt ganz besonders für sogenannte **cmr-Stoffe**, das heißt solche, die ein cancerogenes, mutagenes bzw. reproduktionstoxisches Potenzial aufweisen.

Die REACH-Verordnung betrifft nicht nur Hersteller chemischer Stoffe bzw. in der EU angesiedelte Importeure, sondern auch nachgeschaltete Anwender und Weiterverarbeiter, die sich entlang der Wertschöpfungskette die Verantwortung für einen gefahrlosen Einsatz der Einzelstoffe bzw. deren Zubereitungen teilen.

Die Erkenntnis, dass in einer globalisierten Welt eine weltweite Harmonisierung der Gefahrenkommunikation bezüglich chemischer Stoffe und deren Zubereitungen nicht nur sinnvoll sondern auch notwendig ist, führte dazu, dass im Auftrag der Vereinten Nationen bereits 2003 das erste Konzept eines **GHS** (**G**lobally **H**armonized **S**ystem of Classification and Labelling of Chemicals) entwickelt wurde. Ziel dieses Konzeptes ist eine weltweite Vereinheitlichung der bestehenden Einstufungs- und Kennzeichnungsverfahren aus unterschiedlichen Bereichen wie Transport, Verbraucher-, Arbeitnehmer- und Umweltschutz.

In der EU wird das GHS seit 2009 durch die **CLP-Verordnung** (**C**lassification, **L**abelling and **P**ackaging of Substances and Mixtures) ins europäische Recht umgesetzt. Für die vollständige Einführung dieser Verordnung ist eine Übergangsphase bis 2015 vorgesehen. Danach werden die heute zeitgleich noch geltenden Gefahrstoffverordnung und die verschiedenen Transportverordnungen keine Gültigkeit mehr haben.

Die CLP-Verordnung sieht für Gefahrstoffe und deren Zubereitungen neue Einstufungskriterien vor, die drei Gefahrenbereichen zugeordnet werden, nämlich:

- den **physikalischen Gefahren**,
- den **Gesundheitsgefahren**,
- den **Umweltgefahren**.

Diese Zuordnung wird in der Kennzeichnung der Stoffe durch Kodierungsnummern sichtbar. Außerdem enthält die Stoffkennzeichnung eine spezielle Kodierung für Sicherheitshinweise. Auch die **Gefahrensymbole** haben sich geändert. Anstelle der bisherigen auf einer Kante stehenden quadratischen Piktogramme mit orange-gelbem Untergrund und schwarzer Zeichnung treten auf einer Ecke stehende Quadrate mit weißem Untergrund, rotem Rand und schwarzer Zeichnung. Zur weiteren Charakterisierung des Stoffes werden die Piktogramme wahlweise mit dem Signalwort „**Gefahr**" bei einer schwerwiegenden oder „**Warnung**" bei einer weniger schwerwiegenden Gefährdung versehen. Schließlich müssen die Sicherheitsdatenblätter der Stoffe entsprechend der REACH-Verordnung gestaltet werden.

6.2 Umweltverträgliche Alternativen

6.2.1 Abluftreinigung

Diese Methode erlaubt auch im Bereich der LS (Low Solids) und MS (Medium Solids) eine effektive **Emissionsreduzierung**. LS- und MS-Systeme gehören zu den so genannten konventionellen, lösemittelhaltigen Systemen und haben einen Festkörperanteil bis ca. 55 %. Ihr relativ hoher Lösemittelgehalt lässt sich nach der Verarbeitung des Lackes durch thermische Nachverbrennung, Adsorption und andere Abluftreinigungsverfahren beseitigen. Diese Technologien haben inzwischen einen hohen Wirksamkeitsgrad erreicht, sind aber teuer und wartungsintensiv und somit für kleine und handwerkliche Betriebe oft nicht praktikabel.

Bei industriellen Lackierverfahren dagegen lassen sie sich mit Erfolg einsetzen. Als diesbezüglich besonders umweltfreundlich gilt die Bandlackierung (**Coil-Coating**), ein Verfahren, das direkt beim Hersteller (z.B. Stahlwalzwerk) eine äußerst rationelle Beschichtung von endlosen Metallbändern, inklusive Vorbehandlung, ermöglicht.

Die Abbildung 42 gibt das Ablaufschema dieses Verfahrens wieder. Das Lackieren der Bänder erfolgt in der Regel mittels Walzenauftrag (inzwischen gibt es jedoch auch hiervon abweichende Verfahren, wie z.B. Pulverspritzen). Die so mit Lack versehenen Bänder durchlaufen mit großer Geschwindigkeit einen Einbrennofen, und sie werden nach einer Kühlungsphase zu „coils" aufgerollt. Aus den beschichteten Bändern lassen sich Teile für die metallverarbeitende Industrie durch Stanzen, Tiefziehen, Abkanten und andere Verformungstechniken herstellen.

Im Coil-Coating-Verfahren stellt die Beschichtungszone ein in sich geschlossenes System dar, so dass Emissionen kaum möglich sind. Die beim Lackieren und Einbrennen entstehenden Lösemitteldämpfe werden einer Nachverbrennung unterzogen, die dabei auftretende Wärme lässt sich durch Rückführung in den Verfahrenskreislauf nutzen.

Als Ergänzung muss erwähnt werden, dass in der Bandlackierung auch völlig lösemittelfreie Materialien wie Plastisole und Pulverlacke zur Anwendung kommen.

6.2.2 High-Solid-Systeme

Es handelt sich hierbei um **festkörperreiche Beschichtungsstoffe**, deren Festkörperanteil sich zwischen 55 und 80 % bewegt. Für Systeme, die im oberen Festkörperbereich angesiedelt sind, wird gelegentlich auch die Bezeichnung „Very-High-Solids" verwendet, obschon eine solche Abgrenzung unterschiedlicher Produktgruppen nicht offiziell definiert ist.

Der Grundgedanke bei den High-Solids ist, durch das geschickte Zusammenspiel verschiedener Faktoren eine möglichst effiziente, niedrige Verarbeitungsviskosität der Lackmaterialien bei gleichzeitig reduziertem Lösemittelanteil zu erreichen. Dafür ist der Einsatz von **niedrigmolekularen**

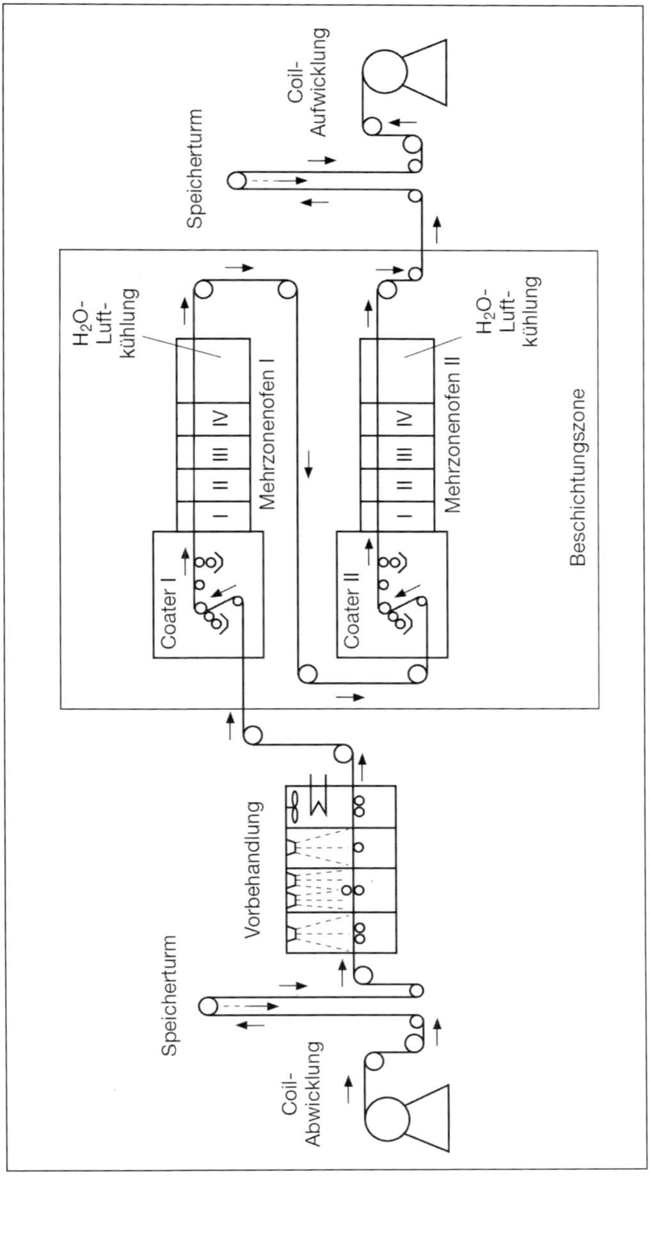

Abbildung 42: Schematische Darstellung einer Coil-Coating-Anlage

Filmbildnern notwendig, weil nur sie im gelösten Zustand eine ausreichend niedrige Grundviskosität aufweisen.

Eine weitere Herabsetzung der Viskosität ist durch Einsatz so genannter **reaktiver Verdünner** möglich, die zwar eine Lösemittelfunktion ausüben, nach Verarbeitung des Lackes jedoch nicht verdunsten, sondern chemisch im ausgehärteten Film eingebunden werden (z.B. Diole und Diamine in 2K-Systemen). Auch verarbeitungstechnisch lässt sich eine Lösemittelreduzierung erreichen, und zwar durch Heißspritzen bei 50 bis 70 °C, da bei höheren Temperaturen die Viskosität automatisch sinkt.

Im High-Solid-Bereich spielen 2K-Systeme die Hauptrolle, vornehmlich jene unter Verwendung niedrigmolekularer Polyisocyanate als Vernetzungspartner, mit denen sich von vornherein günstige Voraussetzungen zum Erreichen hoher Festkörper ergeben. Dennoch sind die Probleme bei solchen Systemen nicht unerheblich. Denn um eine ausreichende Vernetzung zu erzielen, müssen die kleinen Moleküle der Filmbildner im Stammlack, in der Regel Acrylate oder Polyester, mit besonders vielen reaktiven OH-Gruppen ausgestattet sein. Durch diese erhöht sich die Polarität des Systems, was sich nachteilig im Hinblick auf die Pigmentbenetzung und die Benetzung des Untergrundes auswirken kann.

Auch bezüglich der Verarbeitung sind HS-Systeme etwas schwieriger zu handhaben als LS- und MS-Lacke. Generell erfordert die vollständige Vernetzung der kleineren Moleküle mehr Zeit; aber auch schon die Antrocknung schreitet langsamer voran, d.h. der Film bleibt länger offen (mit dem Risiko stärkerer Läuferneigung). Diesen Applikationsnachteilen stehen allerdings auch Vorteile gegenüber. Bei High-Solids lassen sich mit einer geringeren Anzahl von Spritzgängen die nötigen Schichtdicken erreichen. Dadurch wird in der Regel das Deckvermögen verbessert, auf jeden Fall aber der Lackverlust durch Overspray geringer gehalten.

Der positivste Aspekt, den High-Solid-Systeme im Konkurrenzkampf zu anderen umweltverträglichen Alternativen bieten, ist die Möglichkeit einer Emissionsreduzierung unter Beibehaltung konventioneller Applikationsmethoden. Dies ist besonders im handwerklichen Bereich (Autoreparatur-, Bauten- und Holzlacke) von Bedeutung, da hier die Umstellung auf andere Technologien, wie etwa Wasserlacke, oft qualitative Probleme bereitet oder investitionsmäßig schwer zu bewältigen ist.

Die Erstlackierung von Großfahrzeugen wird sich vermutlich ohnehin als Domäne der High-Solid-Systeme etablieren. Aber auch bei industriellen Lackierverfahren zeichnet sich ein Trend zu den HS-Systemen ab, vielfach gekoppelt mit Abluftreinigung.

6.2.3 *Wasserlacke*

Darunter versteht man Beschichtungsstoffe, in denen an Stelle von organischen Verbindungen fast ausschließlich **Wasser** als Lösemittel bzw. Verdünnung zur Anwendung kommt. Die Einschränkung verrät, dass die Wasserlacke noch Anteile von organischen Lösemitteln enthalten. Dieser kleine Makel lässt sich aus technologischen Gründen leider nicht beseitigen, wie wir später sehen werden. Die Lösemittelanteile können, je nach System, zwischen 1 und 15 % schwanken. Höhere Anteile sind selten und gehören eher zu den technisch überholten Systemen.

Wasserlacke haben sich bereits praktisch überall in der Beschichtungstechnik Anwendungsgebiete erobert und befinden sich weiterhin auf dem Vormarsch. Die stürmische Entwicklung der Wasserlackbindemittel führte in den letzten Jahren zu ständig erweiterten Einsatzmöglichkeiten, so dass es heute sowohl **physikalisch trocknende Systeme** (Verfilmung nur durch Verdunsten von Wasser und Lösemittel) als auch **chemisch härtende Wasserlacke** gibt, welche nach allen bekannten Vernetzungsmechanismen reagieren können (oxidative Trocknung, 2K-Härtung, Einbrennvernetzung, UV-Härtung).

Wasser als „Lösemittel“

Um die Chancen zu verstehen, die in Wasserlacken als umweltverträglicher Alternative stecken und um gleichzeitig die technologischen Probleme einschätzen zu können, die diesen zukunftsträchtigen Systemen innewohnen, müssen wir uns etwas näher mit den Eigenschaften des Wassers als Lösemittel beschäftigen. Wasser ist bekanntlich eine absolut umweltverträgliche Verbindung, physiologisch unbedenklich und dazu noch in schier beliebigen Mengen verfügbar.

Andererseits unterscheiden sich die physikalischen Eigenschaften des Wassers stark von denen der bisher eingesetzten organischen Lösemittel. Merkmale wie Siedetemperatur, Verdunstungsgeschwindigkeit usw. sind bei Lösemitteln abhängig von der Molekülmasse, das heißt, vom Gewicht der kleinsten Teilchen, aus denen sie bestehen. Je schwerer ihre Moleküle sind, desto höher ist normalerweise die Siedetemperatur der Lösemittel und desto länger brauchen diese, um zu verdunsten. Beim Wasser verhält es sich diesbezüglich krass anders.

Wie in der Abbildung 6 auf Seite 28 dargestellt, besteht Wasser aus relativ kleinen Molekülen. Sie „wiegen“ z.B. nur etwa ein Viertel der Moleküle des Butanols, dennoch ist die Verdunstungsgeschwindigkeit von Wasser und Butanol fast gleich. Diese Ungereimtheit lässt sich durch den ausgeprägten

Dipol-Charakter des Wassers erklären, der Ursache für starke Attraktionskräfte unter den Wassermolekülen. Letztere liegen in Wirklichkeit nicht als Einzelmoleküle, sondern in Form größerer Assoziate vor. Dadurch steigen Siedetemperatur und Verdunstungszeit. Die Assoziatbildung erklärt aber auch die **hohe Oberflächenspannung** und die **hohe Verdampfungswärme** des Wassers.

Aus diesen Eigenschaften des Wassers erwachsen folgende Probleme für die Lackanwendung:

- Die hohe Oberflächenspannung führt dazu, dass die in der Praxis üblichen Untergründe, z.B. aus Metall oder Kunststoff, mit Wasserlacken schwieriger zu benetzen sind. Schon geringfügige Verunreinigungen der zu beschichtenden Oberfläche können Fehler, wie unbenetzte Stellen oder Krater, zur Folge haben. Bei wasserverdünnbaren Metallic-Basis- Lacken gilt die hohe Oberflächenspannung als negativer Faktor hinsichtlich der **Spreitung** der Lacktröpfchen. Je höher nämlich, wie eben bei Wasser, die Oberflächenspannung einer Flüssigkeit ist, desto größer ist deren Neigung, Tropfen zu bilden, aber desto weniger sind diese dann (etwa als Spritzlack aufs Substrat gelangt) fähig, auseinanderzulaufen. Um unter solchen Bedingungen eine optimale Ausrichtung der Aluminium-Plättchen im Metallic-Basis-Lack zu erzielen, muss man auf Additive zurückgreifen.
- Zum Verdunsten benötigt das Wasser, aufgrund seiner hohen Verdampfungswärme, mehr Energie als die organischen Lösemittel. Dies bedingt – namentlich bei niedrigen Temperaturen – eine starke Trocknungsverzögerung, was wiederum Ablaufprobleme, Wolkenbildung usw. nach sich ziehen kann.
- Die Trocknung einer Wasserlack-Schicht ist von der über ihr herrschenden relativen Luftfeuchtigkeit abhängig. Je höher sie ist, desto geringer ist die Fähigkeit der Luft, neues Wasser aufzunehmen und desto langwieriger gestaltet sich die Trocknung. Dies macht sich besonders bei Metallic-Basis-Lacken im Sinne eines verschlechterten Metallic-Effektes und einer erhöhten Wolkigkeit bemerkbar. Gute, reproduzierbare Ergebnisse erzielt man nur, wenn Temperatur und Luftfeuchtigkeit innerhalb eines vorgegebenen, engen **Verarbeitungsfensters** möglichst konstant gehalten werden. Hierzu sind praktisch klimatisierte Spritzkabinen notwendig.
- Bei Lagerung und Transport von wässrigen Filmbildnern und Wasserlacken ist unbedingt auf die Risiken zu achten, die sich daraus ergeben können, dass reines Wasser bei 0 °C gefriert. Auch wenn diesbezüglich unter den verschiedenen Systemen graduelle Unterschiede bestehen,

sind alle Wasserlacke als **frostempfindlich** zu betrachten! Erfahrungsgemäß führt das Wiederauftauen gefrorener wässriger Systeme zwangsläufig zu deren Instabilität, verbunden mit einer Veränderung der Filmeigenschaften.

Lösevermögen vom Wasser

Wie erreicht man Wasserlöslichkeit bzw. Wasserverdünnbarkeit? Bei der Erörterung der Lösungsvorgänge (s. S. 61) wurden bereits die Unterschiede zwischen echten Lösungen, kolloidalen Lösungen und Dispersionen besprochen, wobei vor allem der Zusammenhang mit der Größe der Filmbildnerteilchen zutage trat. So müssen, um echte Wasserlöslichkeit zu erzielen, relativ kleine Filmbildnermoleküle vorhanden sein und diese durch Wassermoleküle in einen Zustand vollständiger Solvatation überführt werden können. Dabei benötigt das polare Lösemittel **Wasser**, um Solvatationshüllen zu bilden, eine ausreichende Anzahl elektrisch geladener Verankerungsstellen.

Dies kann auf zwei Wegen erreicht werden. Der erste führt über einen Salzbildungsmechanismus, der sich in folgenden Varianten abspielen kann:

1) Die Bindemittelmoleküle enthalten saure Gruppen. Diese werden mit alkalisch reagierenden Aminen neutralisiert.

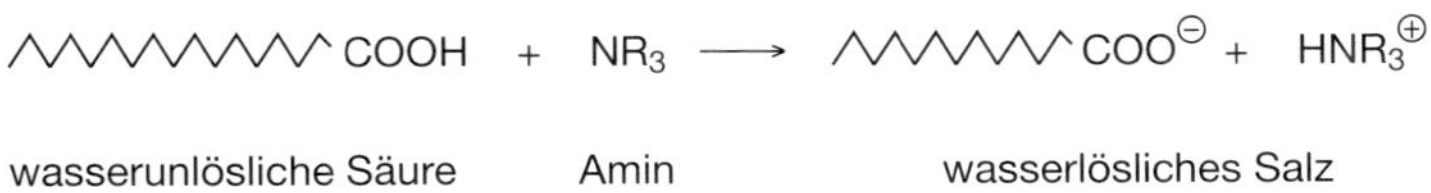

2) Die Bindemittelmoleküle enthalten Aminogruppen. Diese werden mit Säuren neutralisiert.

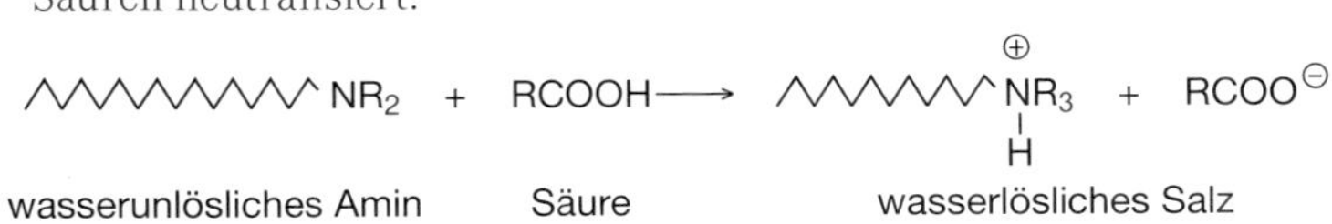

In beiden Fällen entstehen Salze, welche in der wässrigen Phase „dissoziiert“, d.h. in Form elektrisch geladener Teilchen (**Ionen**) vorliegen. Ionen aber lassen sich von den Dipol-Molekülen des Wassers hervorragend solvatisieren, dadurch entsteht die Wasserlöslichkeit. Nach dem ersten geschilderten Mechanismus werden die anodischen Elektrotauchlacke (ATL), aber auch eine Vielzahl weiterer Wasserlacke hergestellt. Der zweite Mechanismus dagegen dient vor allem zur Erzeugung kathodischer Elektrotauchlacke (KTL). Die Abscheidung der Elektrotauchlacke wird später bei der Lackapplikation ausführlich behandelt (s. S. 162).

Die nach dem Salzbildungsmechanismus erzeugten wasserlöslichen Filmbildner haben den Vorteil, dass nach der Trocknung bzw. Vernetzung die Empfindlichkeit des Lackfilms gegen Wasser weitgehend verloren gegangen ist. Außerdem eignen sich solche Produkte, aufgrund der feinen Partikel-Verteilung, ganz besonders zum Benetzen von Pigmenten. Diesen Vorteilen stehen allerdings auch einige Nachteile gegenüber. An erster Stelle ist hier der so genannte **Wasserberg** zu nennen, ein Viskositätsphänomen besonderer Art.

Der Wasserberg entsteht beim Verdünnen der oben genannten Systeme mit Wasser. Dabei führt die Zugabe erster Wasserportionen nämlich nicht, wie eigentlich zu erwarten, zu einer Herabsetzung, sondern zu einer Erhöhung der Viskosität. Erst wenn ein bestimmter, als Wasserberg bezeichneter **maximaler Viskositäts-Wert** erreicht worden ist, bringt weitere Wasserzugabe einen steilen Abfall der Viskosität.

Die Ursache dieses Verhaltens liegt wiederum in der Dipolnatur des Wassers begründet, wie in Abbildung 43 dargestellt ist. Eine Wasserzugabe erhöht zunächst die Gesamtpolarität des Systems, sodass die unpolaren Teile der Bindemittelmoleküle schlechter löslich werden und sich zum Inneren der Bindemittelknäuel orientieren. Umgekehrt richten sich die elektrisch geladenen ionischen Stellen nach außen zum Wasser, wobei das Wasser auch eine Art Brückenfunktion zwischen den elektrisch geladenen Stellen (Ionen) der Bindemittelmoleküle ausübt. Gleichzeitig stoßen sich die auf engstem Raum nebeneinander liegenden ionischen Stellen des Bindemittels, aufgrund der gleich elektrischen Ladung, gegenseitig ab, was zu einem Anschwellen der Bindemittelknäuel führt. Beide Effekte vergeben eine Viskositätszunahme.

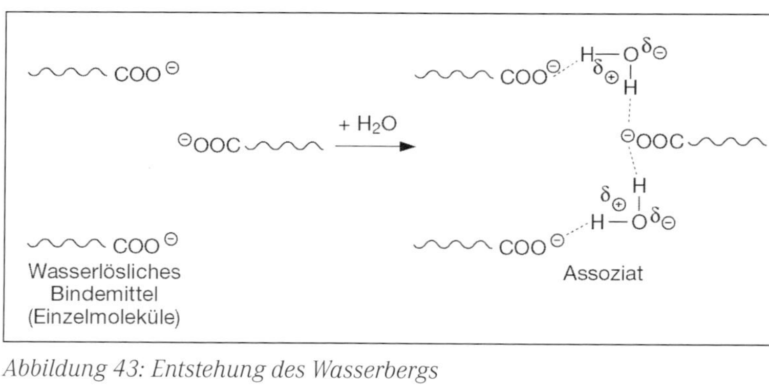

Abbildung 43: Entstehung des Wasserbergs

Wenn der Gipfel des Wasserberges erreicht ist, führt weitere Wasserzugabe - durch den Verdünnungseffekt - wieder zur Trennung der Assoziate bzw. zu einer vollständigen Entknäuelung der Bindemittelmoleküle, und die Viskosität wird schlagartig erniedrigt. Diese Erscheinung stellt für die Praxis einen schwer kalkulierbaren Faktor dar. Sie ist praktisch nur mit Hilfe von Anteilen organischer Lösemittel, so genannter **Colöser**, zu beherrschen, die als Lösungsvermittler fungieren.

Ganz allgemein gilt die Regel, dass der Wasserberg um so flacher erscheint, je mehr Colöser im Rezept enthalten sind und je besser ihre Vermittlerwirkung ist. Diesbezüglich bewährt haben sich vor allem Alkohole mit einem ausreichend großen unpolaren Teil, wie Butanol bzw. Butylglykol.

Empfindlichkeiten von Wasserlacken

Weitere Schwachpunkte der salzgruppenhaltigen wasserlöslichen Systeme sind ihre Empfindlichkeit gegen **fremde Ionen** und **pH-Wert-Schwankungen**. Fremde Ionen, z.B. die aus der so genannten Wasserhärte stammenden Calcium- und Magnesium-Ionen, können mit den Bindemittelmolekülen schwerlösliche Salze bilden, die aus dem wässrigen System ausfallen. Aus diesem Grunde kommt hier nur **VE-Wasser** (VE = vollentsalzt) zur Anwendung. Um den Einfluss von pH-Wert-Schwankungen auf die Stabilität von Wasserlacken verstehen zu können, sind im Vorfeld einige Erläuterungen zum pH-Wert selbst notwendig.

Der Begriff pH ist den Lesern sicherlich nicht unbekannt, denn er wird inzwischen in der modernen Produktwerbung ganz allgemein verwendet. Man denke beispielsweise an Werbeslogans, in denen Shampoo oder Waschmittel häufig als „pH-neutral" oder „pH-mild" bezeichnet werden. Was aber versteht man exakt unter dem pH-Wert? Der pH-Wert ist als der negative, dekadische Logarithmus der Wasserstoffionen-Konzentration definiert.

Für Leser, die nicht chemisch ausgebildet sind oder über keine ausreichenden mathematischen Kenntnisse verfügen, dürfte allerdings diese Definition nur schwer zugänglich sein. Für sie möge es im Prinzip genügen zu wissen, dass es eine pH-Wert-Skala gibt, die von 0 bis 14 geht. Der Mittelpunkt dieser Skala - also pH 7 - stellt den Neutralpunkt dar. Eine Flüssigkeit mit pH 7 ist weder sauer noch alkalisch. Darüber hinaus gelten folgende Orientierungs-Grundsätze:

1. Flüssigkeiten mit pH-Werten unter 7 reagieren sauer. Je **kleiner** der Wert ist, desto stärker und aggressiver ist die Säure. Flüssigkeiten mit pH-Werten über 7 reagieren alkalisch. Je **größer** der Wert ist, desto stärker und aggressiver ist die Lauge.

2. Mischt man Säuren und Laugen in bestimmten ausrechenbaren Mengenverhältnissen miteinander, so neutralisieren sie sich gegenseitig, was auf pH 7 hinausläuft. Dieser Vorgang wird deshalb in der Chemie **Neutralisation** genannt. Zwei Neutralisationsvorgänge haben wir bereits auf Seite 129 betrachten können.

Warum aber beeinflusst der pH-Wert die Stabilität von salzgruppenhaltigen Systemen? Zur Erläuterung wollen wir das erste Beispiel auf Seite 129 heranziehen. In diesem Falle sind die negativen Ionen des wassergelösten Bindemittels gegen eine Erniedrigung des pH-Wertes empfindlich, das heißt gegen die Zugabe einer Säure. Eine solche Zugabe würde im System einen Überschuss an Wasserstoffionen hervorrufen und die vor der Neutralisation des Bindemittels bereits vorhandenen ungeladenen, somit nicht wasserlöslichen Gruppen wieder entstehen lassen, entsprechend der Reaktion:

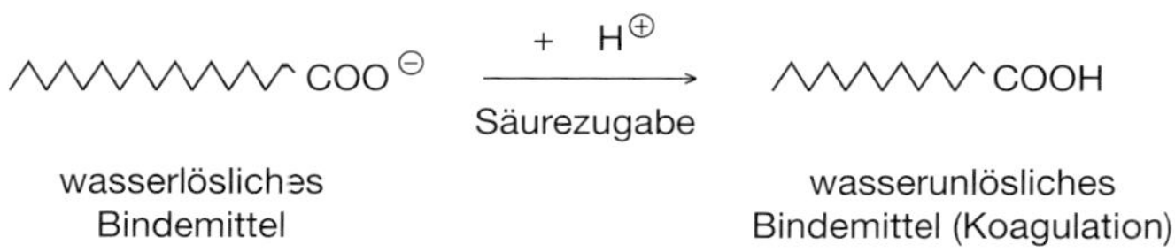

Bei Bindemitteln, die nach dem zweiten Mechanismus auf Seite 127 entstanden sind, würde sich Ähnliches bei Zugabe einer Lauge zutragen. Folge davon wäre in beiden Fällen die **Koagulation**, also das Ausfallen, des Bindemittels. Übrigens wird genau dieses Prinzip in der Elektrotauchlackierung zur Lackabscheidung ausgenutzt, allerdings mit Hilfe von Elektroden (siehe spätere Erläuterungen, s. S. 162).

Von nicht unerheblicher technischer Bedeutung ist darüber hinaus, dass Wasserlöslichkeit auch unter Verzicht auf den bereits besprochenen Salzbildungsmechanismus erreicht werden kann. Die Solvatisierbarkeit in Wasser ergibt sich in solchen Fällen durch den Einbau von hochpolaren Emulgatorketten, z.B. auf der Basis von **Polyethylenoxid (PEO)**, in die Filmbildnermoleküle. Dies hat den Vorteil, dass man bei derartigen Wasserlacken den Amin- und vor allem den Lösemittelanteil erheblich reduzieren kann. Allerdings bleiben solche „selbstemulgierenden Systeme“ auch nach der Trocknung dauerhaft anfällig gegen Wasser. Aus diesem Grunde wird in der Praxis oft versucht, die Vorteile von salzgruppenhaltigen und PEO-emulgierten Systemen zu kombinieren.

Wässrige Dispersionslacke (-farben)

Nicht wasserlöslich, sondern nur wasserverdünnbar sind **Kunststoffdispersionen**, mit Bindemittelteilchen über 0,1 µm. Wie bereits auf Seite 64 und in Abbildung 16 beschrieben, liegen hier hochmolekulare Filmbildner in Form feiner Tröpfchen vor, deren Oberfläche mit Hilfe von Emulgatoren entsprechend „wasserfreundlich“ gestaltet wird. Dadurch können die Bindemitteltröpfchen vom Wasser umhüllt und in einem Schwebezustand gehalten werden.

Eine bekannte natürliche Parallele zu solchen künstlichen Dispersionen stellt die Milch dar. Wie Milch sind auch Bindemitteldispersionen (oft richtigerweise auch Emulsionen genannt) nicht transparent, sondern milchig weiß, da die dispersen Tröpfchen schon so groß sind, dass an ihnen in beträchtlichem Maße Lichtstreuung eintritt. Weitere Ähnlichkeiten mit der Milch zeigen Dispersionen bezüglich ihrer **Instabilität**. Die fein dispersen Tröpfchen neigen dazu, sich mit der Zeit zu größeren Tropfen zusammenzulagern, ein Vorgang, der mit der Pigmentflockulation verglichen werden kann (s. S. 95).

Die folgende Abbildung 44 zeigt die häufigsten Erscheinungen einer nicht stabilen Dispersion. Diesen Erscheinungen kann man nur durch entsprechende Stabilisierungsmaßnahmen wirkungsvoll entgegentreten. Dabei lässt sich eine Stabilisierung von Dispersionen auf **elektrostatischem** oder **sterischem** Wege erreichen.

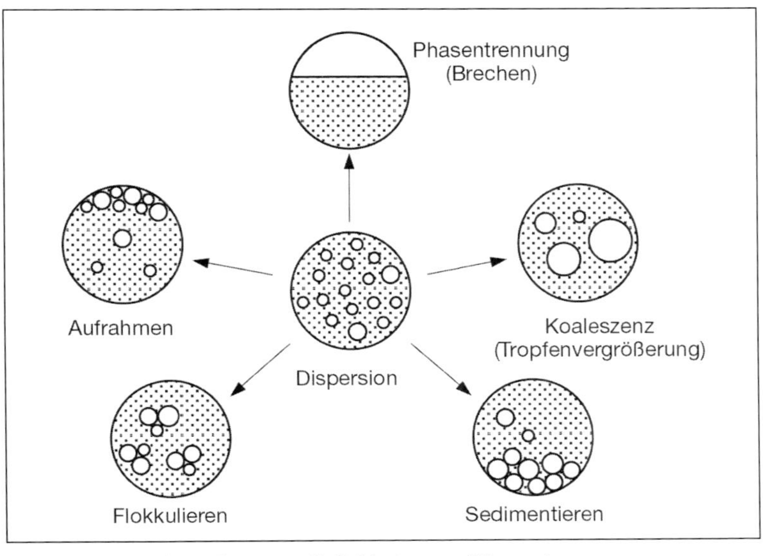

Abbildung 44: Veränderungsmöglichkeiten an Dispersionen

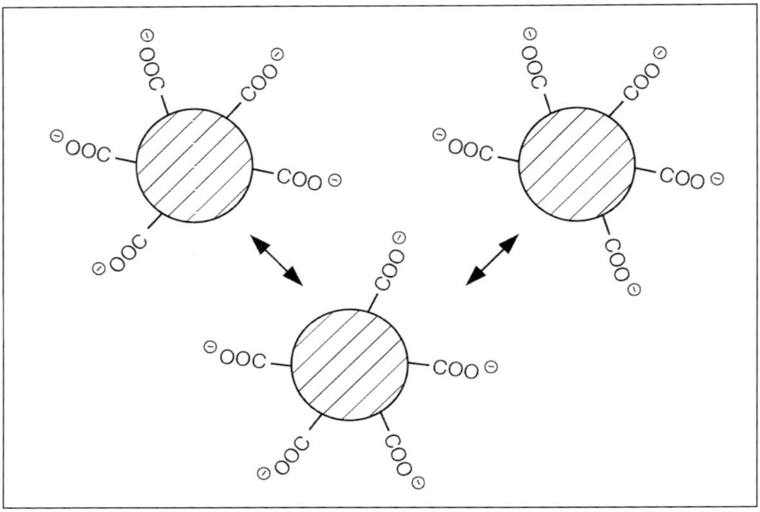

Abbildung 45: Stabilisierung durch elektrostatische Abstoßung

In Abbildung 45 sehen wir zunächst eine Darstellung des elektrostatischen Stabilisierungsmechanismus. Die Tröpfchen sind nach außen hin durch eine Hülle gleicher Ladungen umgeben, die sich gegenseitig abstoßen. Dadurch werden die Tröpfchen auf Abstand gehalten. Eine elektrostatische Stabilisierung findet überwiegend bei Dispersionen statt, die noch eine ausreichende Anzahl von Salzgruppen enthalten (Tendenz in Richtung kolloidaler Lösungen) oder die mit eher ionischen Emulgatoren, z.B. Seifen, umhüllt sind.

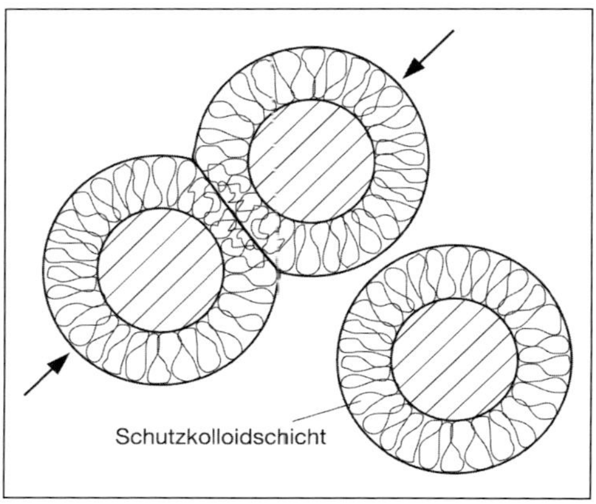

Bei der sterischen Stabilisierung operiert man mit speziellen langkettigen Emulgatoren, auch **Schutzkolloide** genannt, welche sich um die Dispersi-

Abbildung 46: Sterische Stabilisierung

onströpfchen legen und eine Art elastische Pufferschicht bilden. Sie verhindern beim Aufeinandertreffen der Tröpfchen deren Verschmelzen, sozusagen durch eine „Airbag-Wirkung", wie in Abbildung 46 dargestellt.

Die Dispersionen zeigen gegenüber den wasserlöslichen Systemen einige charakteristische Vor- und Nachteile. Vorteilhaft sind ihre geringe Neigung zur Wasserbergbildung und die damit verbundene **günstige Verarbeitungsviskosität bei hohem Festkörper**. Außerdem gehören die Dispersionen zu den vorwiegend physikalisch trocknenden Systemen und weisen, aufgrund ihres hochmolekularen Charakters, in der Regel hohe Beständigkeiten auf. Als nachteilig anzusehen sind die schlechten Benetzungseigenschaften, vor allem gegenüber feinteiligen Pigmenten. Außerdem ist die Emulgatorschicht empfindlich gegen hohe Temperaturen, hohe Scherkräfte und Lösemittel-Schocks. Dispersionen werden deshalb nur unter langsam laufendem Dissolver eingerührt, wobei die Temperatur in der Regel 35 °C nicht überschreiten darf (siehe Rezeptbeispiel Nr. 4 auf Seite 80).

Wie erwähnt, trocknen wässrige Dispersionen überwiegend physikalisch, das heißt beim Verdunsten des Wassers kommen sich die Filmbildnertröpfchen immer näher, bis sie „koaleszieren", d.h. zu einem homogenen Film zusammenfließen, wie Abbildung 47 veranschaulicht. Die Fähigkeit zur Filmbildung (Koaleszenz) ist bei Dispersionen stark temperaturabhängig, da sich die Fließeigenschaften der Bindemitteltröpfchen bei abnehmender Temperatur deutlich verschlechtern. Wenn in solchem Falle die so genannte **MFT (Mindestfilmbildungstemperatur)** unterschritten wird, ist eine homogene Filmbildung nicht mehr möglich.

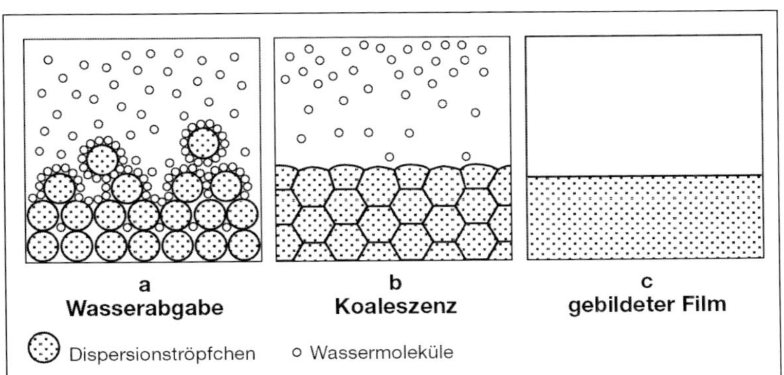

Abbildung 47: Phasen der Trocknung einer Dispersion

Da für die geforderten Verarbeitungsbedingungen die MFT der verwendeten Filmbildner i.a. zu hoch liegt, ist zur ordnungsgemäßen Verfilmung der Einsatz von kleinen Mengen organischer Lösemittel, in diesem Falle auch Koaleszenz- oder Filmbildehilfsmittel genannt, unerlässlich. Dank ihrer Anlösewirkung sorgen sie dafür, dass , unter den gegebenen Verarbeitungsbedingungen, die Dispersionströpfchen auch in der letzten Verfilmungsphase ausreichend fließfähig bleiben.

Verarbeitung von Wasserlacken

Es folgen nun einige ergänzende Hinweise zum Umgang mit Wasserlacken. Anders als bei der physikalischen Trocknung lösemittelhaltiger Lacke ist bei der Wasserlackfilmbildung die Wasserabgabe ein irreversibler Vorgang. Der bereits getrocknete Film kann nicht mehr durch Wasser aufgelöst werden, da im Laufe der Trocknung der komplizierte Wasserlöslichkeits- bzw. Wasserverdünnbarkeitsmechanismus zerstört wird. Ein Wiederauflösen wäre nur mit Hilfe organischer Lösemittel möglich. Dies gilt auch für die Hautbildung in schlecht verschlossenen Behältern!

Aufgrund ihres Emulgatorgehaltes neigen Wasserlacke i.a. stark zur **Schaumbildung** (ähnliche Wirkung wie bei Seifen), deshalb rüstet man sie in der Regel mit Entschäumern aus. Dennoch sollte man in der Wasserlackfertigung möglichst alle Operationen vermeiden, die mit einem überflüssigen Einrühren von Luft verbunden sind.

Da Wasser bekanntlich zur **Korrosion** von Eisen führt, dürfen Wasserlacke, sowohl bei ihrer Herstellung wie auch bei der Lagerung, nur mit Apparaturen und Gebinden aus **Edelstahl** bzw. **Kunststoff** (eventuell auch als Beschichtung) in Berührung kommen.

Der Wasserlack-Overspray kann **Abwasserbelastungen** zur Folge haben. Sie lassen sich verringern durch Kreislaufprozesse bei der Applikation bzw. durch Ultrafiltrationsverfahren. Die **Ultrafitration** ist ein aus der Elektrotauchlackierung bekanntes Membranverfahren, welches teilweise auch bei der Spritzapplikation, z.B. von Autoserienlacken, Anwendung findet. Mit derartigen Membransystemen lassen sich aus dem mit Spritzkabinenumlaufwasser verdünnten Wasserlack-Overspray sowohl Wasser als auch Lösemittel extrahieren, so dass das aufkonzentrierte Material und das Wasser wiederverwendbar werden.

Bezüglich der Anwendung von Wasserlacken wurde bereits erwähnt, dass diese schon in vielen Bereichen der Beschichtungstechnik als etabliert gelten. Besonders hervorzuheben ist die Rolle, die sie inzwischen in der Autoserienlackierung einnehmen, und zwar weltweit. Hierbei werden die

Autokarossen mit Grundierungen auf Wasserbasis nach dem Elektrotauchverfahren beschichtet und auf diese Weise wirksam gegen Korrosion geschützt. Von dem Verfahren wird im Kapitel über die Lackapplikation ausführlich die Rede sein.

Aber auch im Füller- und Decklackbereich setzen immer mehr Autohersteller auf die Wasserlacktechnologie. Vor allem die wasserverdünnbaren Metallic-Basislacke gewinnen zunehmend an Bedeutung. Im Baufarben-Sektor sind ohnehin wässrige Kunststoffdispersionen nach wie vor die führenden Systeme. Die **Nanotechnologie** gewinnt zunehmend im **Dispersionsfarbenbereich** an Bedeutung und hat bereits zu konkreten Erfolgen geführt. Mit ihrer Hilfe konnten Wandfarben mit so genanntem **„Lotos-Effekt"** formuliert werden auf deren Oberfläche das Wasser ähnlich abperlt wie auf den Blättern einer Lotos-Pflanze. Dieser Effekt lässt sich mit dem Einbau spezieller funktionalisierter **Silane** im Bindemittel bewerkstelligen, die eine wasserabstoßende Wirkung bei gleichzeitiger Erzeugung einer extrem feinteiligen Rauheit der Filmoberfläche verursachen. Inzwischen werden Wasserlacke aber auch auf dem Maler-, Holz- und Industrielack-Markt als emissionsarme Alternativen angeboten.

6.2.4 Pulverlacke

Die in diesem Kapitel besprochenen Pulverlacksysteme sind ausschließlich **Einbrennlacke**, deren Filmbildnerkomponenten bei hohen Temperaturen zu einem vernetzten Gebilde reagieren. Die ebenfalls existierenden thermoplastischen, also nicht vernetzungsfähigen und deshalb stets schmelzbaren Pulver, welche nach dem Wirbelsinter- bzw. Flammspritzverfahren aufgetragen werden, sind eher als Kunststoffbeschichtungen zu betrachten und werden deshalb hier nicht näher beschrieben.

Zusammensetzung und Eigenschaften

Hinsichtlich der globalen Umweltbetrachtung stellen die Pulverlacke unter den Lacksystemen eine besonders günstige Option dar. Sie sind absolut **frei von organischen Lösemitteln**, sind nicht toxisch, und auch kein gefährliches Transportgut.

Der Lackverlust bei der Applikation ist sehr gering, da das Overspray-Pulver aufgefangen und in den Kreislauf zurückgeführt werden kann. Die Emission von Spaltprodukten bei der anschließenden Härtung schwankt, je nach Pulverlacktyp, zwischen 0,2 und 5 %. Diese günstigen ökologischen Aspekte werden ergänzt durch ökonomische Vorteile, wie einen hohen

Wirkungsgrad bei der Applikation und geringe Transport- und Lagerkosten, beides aufgrund der fehlenden Lösemittelkomponenten.

Leider weisen die bereits etablierten Pulverlacksysteme auch einige problematische Seiten auf, die den Zugang zu bestimmten Anwendungsgebieten erschweren. Es sind in erster Linie die Schwächen im **Glanz** und im **Verlauf**, gegenüber den lösemittelhaltigen Systemen, und der damit verbundene Zwang zur Applikation **hoher Mindestschichtdicken** (in der Regel nicht unter 50 µm). Weitere Nachteile sind die Schwierigkeiten bei **Farbtonkorrekturen**, die schlechte **Effektbildung** bei Metallics aufgrund des fehlenden Filmschrumpfes und die **hohen Einbrenntemperaturen** (je nach System zwischen 160 und 200 °C), welche wiederum die Auswahl der verwendbaren Pigmente spürbar einschränken, da etliche Farbmittel solche Temperaturbelastungen nicht schadlos überstehen können.

Die klassischen Pulverlacke, mit den eben geschilderten Eigenschaften, basieren auf Polyestern (überwiegend Außenanwendung) und auf Epoxidharzen bzw. Polyester-Epoxy-Kombinationen (hauptsächlich Innenbereich). Für die Vernetzung stehen verschiedene Reaktionspartner zur Verfügung, auf die jedoch hier nicht näher eingegangen werden kann.

Einsatzmöglichkeiten

Die herkömmlichen Anwendungsgebiete der Pulverlacke liegen in der Beschichtung von Elementen für Bauten und Fassaden sowie von Hausgeräten, Büromöbeln, Autozubehör usw. Die Pulverlackentwicklung geht jedoch rasant weiter, so dass immer mehr neue Anwendungsmöglichkeiten erschlossen werden.

Besonders interessant ist in dieser Hinsicht der bereits erprobte Einsatz von Pulver-Klarlacken in Zweischicht-Systeme für die Autoserienlackierung. Es handelt sich hierbei um neuartige Pulver auf Acrylbasis, die schon bei 130 °C eingebrannt werden können und, gegenüber den herkömmlichen Varianten, einen deutlich verbesserten Verlauf zeigen. Aber auch der Pulverlackeinsatz im Coil-Coating-Bereich hat bereits die Pilotphase mit Erfolg überstanden (s. S. 124).

Schließlich befinden sich niedrigschmelzende Pulverlacke für sehr wärmeempfindliche Substrate wie Holz und Kunststoff in der Einführungsphase oder werden bereits großtechnisch mit Erfolg eingesetzt (Holzlackierung). Hierbei werden sie durch eine Kombination von Infrarot-Strahlung (Wärmestrahlung) und UV-Vernetzung zunächst schonend aufgeschmolzen und anschließend chemisch gehärtet.

Herstellungsprozedur

An dieser Stelle ist es sicher notwendig, einige Zusatzinformationen zur **Pulverlackherstellung** zu liefern, denn sie basiert auf einer völlig anderen Technologie als bei den bisher betrachteten Beschichtungsstoffen. Die Abbildung 48 gibt schematisch den Verfahrensablauf wieder. Die Pulverlackfertigung beinhaltet als Einzelschritte das Vormischen, das Extrudieren, das Brechen, die Mahlung, die Siebung und das Verpacken (Lagerung). Sämtliche Rohstoffe, die zur Pulverlackherstellung herangezogen werden, liegen in lösemittelfreier und fester Form vor.

Das **Vormischen** ist der erste wichtige Verfahrensschritt, da die verwendeten Rohstoffe sowohl hinsichtlich ihrer Teilchengröße (zwischen 1 cm und wenigen µm) als auch ihrer Einsatzmengen sehr unterschiedlich sind. Bei schwer dosierbaren Komponenten ist manchmal die Verwendung so genannter **Masterbatches** unerläßlich. Es sind im Vorfeld hergestellte Halbfabrikate, welche mit Heißmischern in der Flüssigphase homogenisiert werden. Das eigentliche Vormischen findet in fester Form überwiegend in Taumelmischern statt.

Das **Extrudieren** dient zur mikroskopischen Homogenisierung der vorgemischten Pulverlackbestandteile und zur Dispergierung der Pigmente und Füllstoffe. Dies geschieht in so genannten Extrudern, welche im Prinzip wie „Fleischwölfe" aufgebaut sind. Sie können eine oder zwei mechanisch angetriebene Schneckenwellen enthalten und sind von außen beliebig beheizbar. Da der feste Filmbildner noch nicht vernetzt ist, besitzt er thermoplastische Eigenschaften und wird beim Extrudieren soweit aufgeheizt, bis er schmilzt. Die üblichen Extrusionstemperaturen liegen zwischen 80 und 120 °C, je nach Schmelzverhalten der verwendeten Filmbildner.

Es liegt nahe, dass bei diesen Temperaturen die Vernetzerkomponente mit dem Hauptfilmbildner noch nicht reagieren darf. Hierfür stehen später die höheren Einbrenntemperaturen zur Verfügung. Der geschmolzene Filmbildner bildet im Extruder mit den festen Lackkomponenten, an erster Stelle Pigmenten und Füllstoffen, eine Paste, die von der sich drehenden Schneckenwelle intensiv geschert und gleichzeitig zum Geräteausgang geführt wird. Dort erfassen Quetschwalzen das noch heiße austretende Extrudat und walzen es auf 1 bis 3 mm Stärke aus. Schließlich wird das Material mit Hilfe eines gekühlten Transportbandes zum Brecher transportiert.

Das **Brechen** wird in der Regel von Umlenkwalzen übernommen, die das bereits gekühlte, und somit wieder fest gewordene Material zu etwa fingernagelgroßen Chips zerkleinern. Die anschließende Mahlung dient zum Erreichen der gewünschten Teilchengrößen unter 100 µm, und zwar hauptsächlich durch den Einsatz von Stiftmühlen oder Pralltellermühlen.

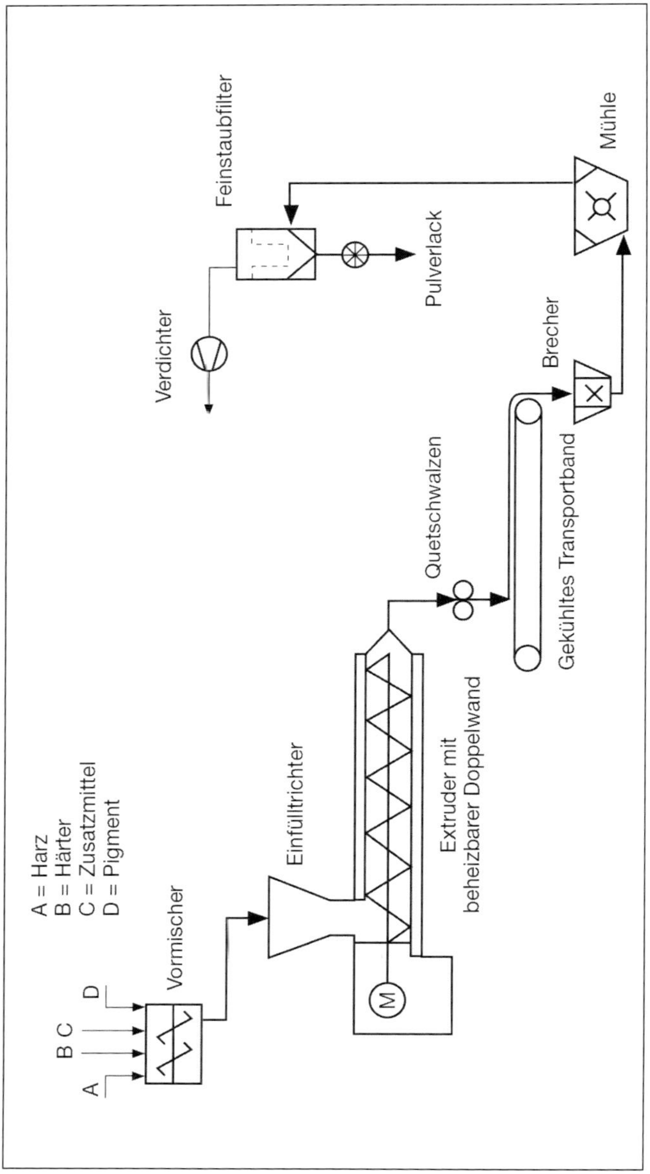

Abbildung 48: Ablauf der Pulverlackfertigung

Ein optimales Applikationsergebnis lässt sich jedoch nur erzielen, wenn die Größe der Pulverteilchen relativ gleichmäßig ist, da es bei zu feinen Teilchen leicht zu einer Trennung von Pigment und Bindemittel kommt, während zu grobe Teilchen den Verlauf verschlechtern. Durch Sieb- und Sichtverfahren wird nachträglich das so genannte Ober- und Unterkorn abgetrennt.

Das **Verpacken** von Pulverlacken erfolgt entweder in Kartons mit Polyethyleneinlage oder in Container. Die Lagerung von Pulverlacken ist insofern nicht unproblematisch, als die Pulverteilchen, unter ungünstigen Temperatur- und Druckbedingungen, zum „Zusammenbacken" neigen (**Sintern**). Diese Gefahr ist bei den niedrigschmelzenden Pulvern besonders groß. Vielfach ist hier eine Lagerung in speziellen Kühlräumen notwendig.

Pulverlackverarbeitung

Die Applikation von Pulverlacken erfolgt überwiegend nach dem **EPS-Verfahren** (elektrostatisches Pulversprühen). Im Prinzip unterscheidet sich dieses Verfahren kaum vom elektrostatischen Spritzen von Flüssiglacken, von dem später im Kapitel über die Lackverarbeitung ausführlicher die Rede sein wird, deshalb soll an dieser Stelle nur eine Grundvorstellung vermittelt werden.

Es gibt zwei Varianten des elektrostatischen Pulversprühens: das **Corona**- und das **Tribo-Verfahren**. Beim am stärksten verbreiteten Corona-Verfahren wird das Pulver in einem elektrischen Feld, erzeugt von einer an der Sprühpistole angebrachten Elektrode, wird **negativ** aufgeladen. Das zu lackierende Werkstück ist geerdet und erscheint somit, relativ zu den Pulverteilchen, **positiv** aufgeladen. Der Pulvertransport bis zum Austritt aus der Pistole erfolgt mittels Druckluft, danach übernimmt das elektrische Feld den weiteren Transport der negativen Pulverteilchen zum positiven Objekt. Wie die Abbildung 49 zeigt, bleiben aufgrund der elektrostatischen Anziehung die entgegengesetzt geladenen Pulverteilchen an der Werkstückoberfläche haften.

Beim Tribo-Verfahren erfolgt die Aufladung des Pulvers lediglich durch Reibung gegen die Teflon-Innenwand der Sprühpistole. Hierbei lädt sich das Pulver **positiv** auf, während das Werkstück als **negativer** Pol fungiert. Ansonsten gestaltet sich die Applikation ähnlich wie beim Corona-Verfahren.

Die Pulverteilchen, die am Objekt vorbeigeführt werden oder die zurückprallen, lassen sich auffangen und ins Verfahren zurückführen, so dass der Materialverlust auf ein Minimum beschränkt bleibt.

Die mit der trockenen Pulverlackschicht überzogenen Objekte werden anschließend in einem Ofen bei den dafür vorgesehenen Temperaturen

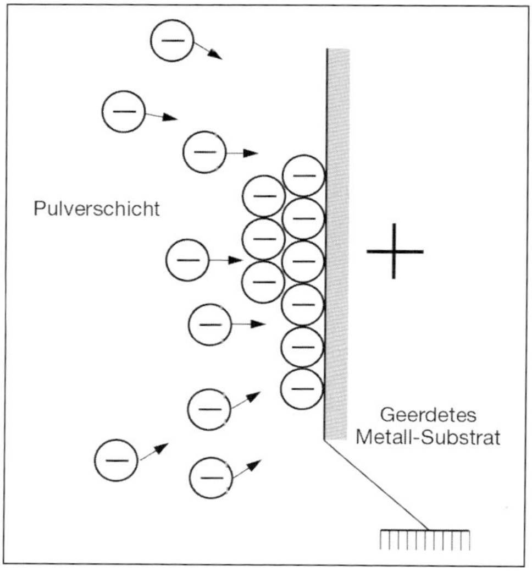

Abbildung 49: Pulverlackhaftung am metallischen Substrat

eingebrannt. Hierbei schmilzt der Filmbildner, und es verlaufen somit die Pulverteilchen zu einem glatten und geschlossenen Film; gleichzeitig setzt zwischen dem Filmbildner und der Härterkomponente die Reaktion ein, die zur Vernetzung des Filmes führt.

Obschon das EPS-Verfahren frei von Lösemittelemissionen ist, stellt - aufgrund der Feinstverteilung brennbarer Pulverteilchen in Luft - die Möglichkeit von Staubexplosionen eine latente Gefahr dar, der sicherheitstechnisch begegnet werden muss. Auch hier gilt deshalb das Verbot von offenen Zündquellen und funkenbildenden Einrichtungen.

Diese Gefahr entfällt beim **APS-Verfahren** (Aqueous Powder Suspension), mit dem man sich sozusagen an der Grenze zwischen dem Pulverlack- und dem Dispersionssektor befindet. Dabei wird zunächst das Pulver, nach der Extrusion und Vorzerkleinerung, in einem wässrigen Medium feingemahlen. Die so entstehende Suspension (Slurry) kann wie ein normaler Wasserlack weiter verarbeitet werden. Allerdings konnte sich diese Technologie bis heute nur am Rande behaupten.

6.2.5 Strahlenhärtbare Lacke

Darunter versteht man polymerisationsfähige Beschichtungsstoffe, deren in der Regel radikalische Vernetzung mit Hilfe von energiereicher Strahlung gestartet wird. Hierzu eignet sich entweder die von (meistens) stabförmigen Lampen ausgehende ultraviolette Strahlung (**UV-Strahlung**) oder die in speziellen Generatoren erzeugte **Elektronenstrahlung**.

Hier beachte man den Unterschied: Die längerwellige und somit energieärmere IR-Strahlung ist eine reine Wärme-Strahlung und wird in der

Lacktechnologie lediglich bei Trocknungsverfahren eingesetzt (siehe Kapitel 7 Lackverarbeitung). Als Bindemittel für die UV- und die Elektronenstrahlenhärtung (ESH) eignen sich ungesättigte Polyester und spezielle Acrylate, die durch Zusätze so genannter reaktiver Verdünner auf die richtige Verarbeitungsviskosität eingestellt werden.

Beide Verfahren zeichnen sich durch **extrem kurze Härtungszeiten** aus (bei UV einige Sekunden und bei ESH Bruchteile einer Sekunde). Da die reaktiven Verdünner bei der Vernetzung chemisch im Film eingebunden werden und weil dank der hohen Reaktionsgeschwindigkeit kaum eine Verdunstung eintreten kann, zählen die strahlenhärtbaren Systeme zu den umweltfreundlichen Alternativen für die Zukunft der Lacktechnologie.

Eingesetzt werden diese Systeme bereits mit großem Erfolg bei der Beschichtung von Massenartikeln, vor allem solchen, die überwiegend flach geformt oder klein dimensioniert sind. Papiere, Kartons, gedruckte Schaltungen, Holzwerkstoffe, Kunststoff-Verpackungen für Kosmetika, CDs und dergleichen mehr lassen sich nach diesen Verfahren geradezu auf ideale Weise beschichten. Die Zukunft verspricht eine deutliche Ausweitung der Strahlenhärtung, da sie zunehmend mit anderen Technologien kombiniert wird (siehe Pulverlackierung von Kunststoff und Holz auf Seite 149).

Die Wahl zwischen der Härtung mit UV oder mit ESH richtet sich nach der Abwägung der spezifischen Vor- und Nachteile beider Verfahren. Zur Zeit wird, nicht zuletzt wegen des geringeren apparativen Aufwands, UV noch deutlich favorisiert.

Zu den Vorteilen des UV-Verfahrens zählen an erster Stelle die geringere Gefährlichkeit der Strahlung und eben die niedrigeren Investitionskosten. Außerdem ermöglicht die UV-Härtung eine bessere Handhabung bei dreidimensionalen Objekten, zumal sie, ohne Anwendung von Schutzgasen, zu klebfreien Filmen führt. Diese Tatsache lenkt zunehmend den Blick auf eine mögliche Anwendung in der **Autoserienlackierung** bzw. in der Beschichtung anderer Großobjekte. Dem Problem, dass bei der komplizierten Form dieser Objekte so genannte „Schattenzonen" entstehen, die von der **UV-Strahlung** nicht erreicht werden, wo der Film also nicht ausreichend aushärtet, konnte mit der Entwicklung des so genannten **Dual-Cure-Verfahrens** erfolgreich begegnet werden. In diesem Verfahren wird die UV-Härtung mit einer **Isocyanatvernetzung** kombiniert, sodass auch in den Schattenzonen durch die Additionsreaktion des Bindemittels mit den Isocyanaten der Film nachträglich die notwendige Festigkeit erreicht. Nachteilig sind die niedrigere Härtungsgeschwindigkeit, die Notwendigkeit, teure Foto-Initiatoren einzusetzen und die geringere Eindringtiefe, die vor allem bei pigmentierten Systemen zu Problemen führen kann.

Das ESH-Verfahren weist eine deutlich höhere Härtungsgeschwindigkeit und größere Eindringtiefe auf. Auf der anderen Seite machen die neben den Elektronenstrahlen sekundär auftretenden gefährlichen Röntgenstrahlen aufwendige Abschirmungsmaßnahmen erforderlich. Außerdem führt in Anwesenheit von Luftsauerstoff die ESH zu klebrigen Filmen, so dass normalerweise der Härtungsvorgang in einer Schutzgas-Atmosphäre ablaufen muss.

Wie auch immer, beide Strahlenhärtungsverfahren zeigen ganz spezifische Vorteile im Hinblick auf die Ausnutzung von Energie und Zeit und erlauben außerdem eine schonende thermische Behandlung von temperaturempfindlichen Substraten. Dies sind Aspekte, die in Zukunft sicherlich an Gewicht gewinnen werden.

7 Wie werden Lacke verarbeitet?

7.1 Vorbehandlung der Beschichtungsuntergründe

7.1.1 Allgemeines

Die richtige Vorbehandlung der Substrate, die zur Beschichtung anstehen, ist eine wichtige Voraussetzung dafür, dass das Lackierergebnis die gestellten Anforderungen erfüllt. Die Vorbehandlung dient in erster Linie der **Haftungsverbesserung** bzw. der Entfernung von haftungsstörenden Fremdstoffen, welche die zu lackierende Oberfläche verunreinigen. Sie kann aber auch eine **konservierende Funktion** für den Untergrund übernehmen oder, wie im Falle der Holzbeizen, zum optischen Ergebnis der Beschichtung beitragen.

Die Art der Vorbehandlung muss sich naturgemäß nach den Materialeigenschaften des Untergrundes richten, und die fachkundige Auswahl der Vorbehandlungsmethoden setzt detaillierte Materialkentnisse voraus. Im folgenden werden die wichtigsten Vorbehandlungstechniken im Zusammenhang mit den stofflichen Unterschieden der verschiedenen Untergründe besprochen.

7.1.2 Metalle

Die am häufigsten in der Beschichtungstechnik vorkommenden Metalle sind die Eisenwerkstoffe (**Stahl** und **Guss**) und Aluminium bzw. seine Legierungen (**Leichtmetalle**). Beide Stoffgruppen unterscheiden sich ganz wesentlich in ihrem Korrosionsverhalten. Während die Eisenwerkstoffe bekanntlich in Gegenwart von Sauerstoff und Feuchtigkeit den nicht haftenden und abblätternden **Rost** bilden, überziehen sich Aluminium-Werkstoffe, unter gleichen Bedingungen, mit einer äußerst harten und gut haftenden **Aluminiumoxid-Schicht**, die das Metall vor weiteren Angriffen schützt. Dementsprechend unterschiedlich sind die Vorbehandlungsziele.

Paolo Nanetti: Lack für Einsteiger

ISBN: 978-3-86630-881-7

Reinigen und Entfetten

Am Anfang steht jedoch für jeden Metalluntergrund die **Reinigung** bzw. die **Entfettung**. Die Metalloberfläche ist herstellungsbedingt meistens mit Ziehfett oder Ölspuren verunreinigt. Hinzu kommen weitere Verunreinigungen, wie Handschweiß, Staub usw. Diese Fremdstoffe wirken sich nachteilig auf die Haftung der Beschichtungen aus und müssen restlos entfernt werden.

Die früher weit verbreitete Entfettung mit Hilfe chlorierter organischer Lösemittel (Trichlor- oder Perchlorethylen) hat, aufgrund der Giftigkeit dieser Stoffe, stark an Bedeutung verloren. Der Vorteil dieser chlorierten Verbindungen liegt, neben ihrem hervorragenden Lösevermögen, in der **Schwerbrennbarkeit**, die eine Reinigung in der Dampfphase ohne Brand- und Explosionsgefahr ermöglicht. Hierbei werden die zu reinigenden Werkstücke nicht in das Lösemittel getaucht, sondern in den heißen Lösemitteldämpfen in Schwebe gehalten. Die reinen Dämpfe kondensieren teilweise auf der Metalloberfläche, lösen das Fett auf und tropfen wieder in die Wanne herunter, wo sich das verunreinigte Lösemittel befindet. Auf diese Weise gelingt es, auch nach langer Betriebszeit, ein optimales Entfettungsergebnis zu erzielen.

Die sehr hohen Auflagen gegen Lösemittelemissionen reduzieren jedoch zunehmend die Attraktivität dieses Verfahrens. Als Alternative stehen verschiedene **wässrige Entfettungsmittel** zur Verfügung, die sowohl in Reinigungsbädern als auch mit Hilfe von Dampfstrahlgeräten Einsatz finden.

Die wässrigen Entfettungsmittel können **alkalisch**, **sauer** oder **neutral** eingestellt sein. Die alkalischen werden überwiegend für Eisenwerkstoffe verwendet, weil sie diese nicht angreifen, während die sauren eher für Aluminium eingesetzt werden. Die neutralen finden dagegen bei allen Metallen Verwendung. Sie sind mit verschiedenen Tensiden ausgerüstet, welche die Verunreinigungen emulgieren und auf diese Weise vom Untergrund ablösen.

Eine noch weitergehende Variante der Oberflächenreinigung von Metallen ist das **Beizen**, ein Verfahren, das nicht mit dem Beizen von Holz verwechselt werden darf (siehe spätere Erläuterungen S. 152). Unter Beizen von Metall versteht man einen chemischen Angriff auf die Metalloberfläche, mit dem Ziel, ihre oberste verunreinigte oder die Haftung beeinträchtigende Schicht abzutragen. Das kann z.B. Walzhaut bei Stahl oder Aluminiumoxid bei Leichtmetallen sein. Zum Beizen werden meistens starke Säuren (z.B. Salz- und Schwefelsäure) für Stahl und starke Laugen (z.B.

Natronlauge) für Aluminium verwendet. Die Lösungen enthalten auch Zusätze von Inhibitoren oder anderen Stoffen, die auf den chemischen Angriff eine regulierende Wirkung ausüben. Die Behandlung erfolgt in Tauchbecken oder Sprüheinrichtungen verschiedener Art. Ein gründliches Nachwaschen ist unbedingt erforderlich!

Schleif- und Strahlverfahren

Zur Entfernung von Rost, Zunder oder alten Lackschichten stehen zunächst verschiedene einfache **mechanische Hilfsmittel** zur Verfügung. Es sind in erster Linie die Drahtbürste, die Stahlwolle und das Schleifpapier. Sie können sowohl von Hand als auch mit Hilfe elektrisch betriebener, rotierender oder vibrierender Handgeräte eingesetzt werden. Diese Mittel spielen vor allem im handwerklichen Bereich (z.B. Autoreparatur) eine große Rolle. Hierbei verdient das **Schleifpapier** eine besondere Hervorhebung, da es nicht nur zur Abtragung unerwünschter Materialschichten dient, sondern auch die Aufgabe übernimmt, bereits applizierte Beschichtungsstoffe im Lackaufbau (z.B. Spachtel) zu egalisieren und die Zwischenhaftung zu verbessern.

Die **Haftungsverbesserung** ist zurückzuführen auf eine Vergrößerung der Oberfläche, d.h. dort, wo sich die Adhäsionskräfte zwischen Beschichtungsstoff und Untergrund abspielen. Zustande kommt die Oberflächenvergrößerung durch Schleifriefen, die von den Körnern des Schleifpapiers verursacht werden; Abbildung 50 veranschaulicht dies in vereinfachter Form. Man kann erkennen, dass die Kontaktfläche zwischen der Lackschicht und dem Substrat im linken Teil der Abbildung deutlich geringer ist als im rechten, was wiederum bedeutet, dass auf einer ungeschliffenen Oberfläche auch die wirkenden Haftkräfte kleiner sind.

Die Schleifpapiersorten müssen jeweils so ausgewählt werden, dass die damit erzeugten Schleifriefen von der nachfolgenden Beschichtung ausreichend abgedeckt werden können. Das Korn der Schleifpapiere besteht

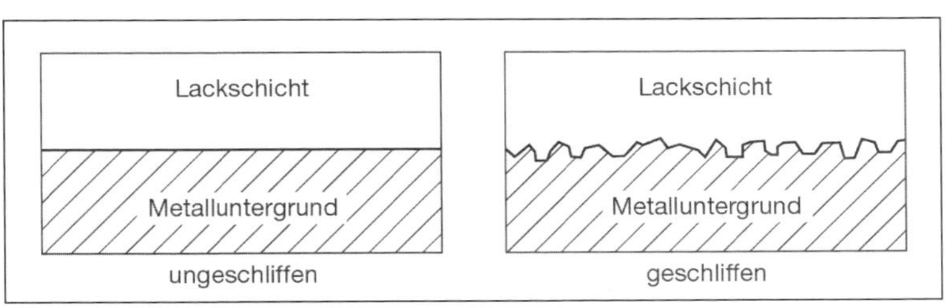

Abbildung 50: Verbesserung der Lackhaftung durch Schleifen

aus sehr harten Materialien wie Korund oder Siliciumcarbid. Es gibt **Trockenschleifpapiere**,die eher für grobe bis mittelfeine Schliffe geeignet sind, und **Nassschleifpapiere**, welche eher zum Fein- und Feinstschleifen verwendet werden. Die Nummer, die auf der Rückseite des Papiers zu lesen ist, gibt die Anzahl Körner pro cm^2 an. Je kleiner diese ist, desto gröber ist also der Schliff. Und nun zurück zu den metallischen Untergründen. Die Erzeugung von metallisch reinen Oberflächen ist bei Anwendung der bisher beschriebenen Hilfsmittel in der Regel nicht möglich. Hierzu werden, vor allem bei Großobjekten, das **Sand**- und **Flammstrahlen** eingesetzt.

Beim Sandstrahlen wird, mit Hilfe von Pressluft, sehr hartes Material, z.B. Stahlkies auf die zu reinigende Metalloberfläche geschossen. Beim Flammstrahlen verwendet man eine heiße Sauerstoff-Acetylen-Flamme, um die Verunreinigungen vom Untergrund abzusprengen. Hierbei wird die unterschiedliche Wärmeausdehnung von Metall und Verunreinigungsschicht ausgenutzt. Um schnelles Anrosten der so erhaltenen metallisch blanken Oberfläche zu verhindern, muss sie im noch warmen Zustand mit Korrosionsschutzgrundierungen behandelt werden.

Vorbehandlungsmaßnahmen

Ferner wird, um bei Stahl eine zusätzliche Verbesserung der Haftung und des Korrosionsschutzes zu bewirken, industriell im großen Umfang das **Phosphatieren** herangezogen. Hierzu stehen verschiedene Tauch- und Spritzverfahren (Bonder-, Granodine-, Parker-Verfahren) zur Verfügung. Man unterscheidet i.a. zwischen Eisenphosphatierung und Zinkphosphatierung.

Bei beiden Verfahren werden so genannte **Passivierungsschichten** gebildet, die mit dem Metalluntergrund chemisch verbunden sind und somit eine hervorragende Haftung aufweisen. Gleichzeitig verhindern bzw. erschweren sie einen Korrosionsangriff auf den Untergrund. Bei der Eisenphosphatierung werden nur hauchdünne Schichten gebildet, die überwiegend aus Eisenphosphat bestehen. Bei der Zinkphosphatierung findet aus sauren Phosphatlösungen eine regelrechte Fällung von messbaren Zinkphosphatschichten statt, weshalb diese Methode auch schichtbildende Phosphatierung genannt wird.

Es gibt allerdings auch Phosphatierungsverfahren für verzinkten Stahl und Aluminium. Das für Leichtmetalle am häufigsten verwendeten Verfahren ist jedoch das **Chromatieren**. Hierbei unterscheidet man zwischen Gelb- und Grünchromatierung. Die Farbunterschiede kommen dadurch zustande, dass bei der Grünchromatierung ausschließlich Schichten aus Verbindungen des dreiwertigen Chroms entstehen, während die Passivierungsschichten der Gelbchromatierung auch Anteile vom sechswertigen Chrom enthalten.

7.1.3 Kunststoffe

Die Bedeutung der Kunststoffe in der modernen Technik nimmt ständig zu, da diese eine Fülle wünschenswerter Eigenschaften in sich vereinigen, die in anderen Werkstoffen nicht oder nur unzureichend vertreten sind. In erster Linie sind hier das geringe Gewicht, die leichte Verarbeitbarkeit, die Elastizität und Stoßfestigkeit, die gute Korrosions- und Chemikalienbeständigkeit und schließlich der Preis zu nennen. Vor allem im modernen Automobilbau sind die Kunststoffe aus den besagten Gründen nicht mehr wegzudenken.

Klassifizierungsaspekte

Je nach Eigenschaften unterscheidet man **Thermoplaste**, **Elastomere** und **Duroplaste**. Die Abbildung 51 gibt schematisch den strukturellen Aufbau dieser Stoffe wieder.

Thermoplaste bestehen aus linear aufgebauten, nicht vernetzten Molekülen, die sich im festen Zustand ausschließlich durch physikalische Anziehungskräfte gegenseitig festhalten. Unter Temperatureinwirkung können diese Kräfte soweit aufgehoben werden, dass der Kunststoff erweicht oder schmilzt. Beim Erkalten wird er dann wieder fest. Auf diese Weise ist es möglich, thermoplastische Kunststoffe äußerst rationell und preisgünstig, etwa nach dem Spritzguss- oder anderen Verfahren, in jede gewünschte Form zu bringen. Besonders bekannte Thermoplaste sind z.B. Polyethylen (PE), Polypropylen (PP), Polyvinylchlorid (PVC), Polymethylmethacrylat, oft auch Plexiglas genannt, (PMMA) u.s.w.

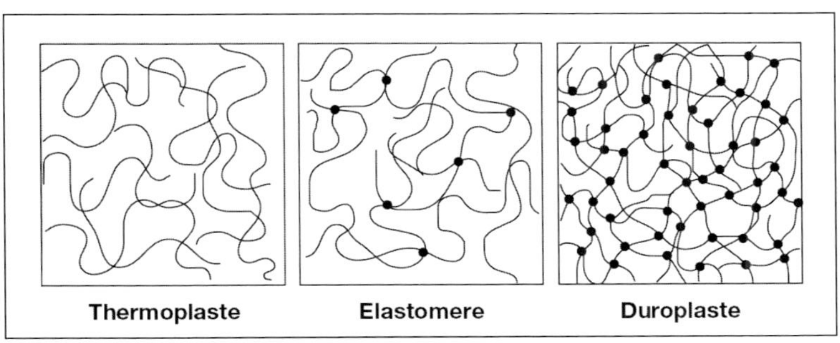

Abbildung 51: Struktureller Aufbau von Kunststoffen

Elastomere sind ebenfalls linear aufgebaut, ihre Moleküle sind jedoch untereinander schwach vernetzt. Bei Anwendung mechanischer Kräfte sind die weitmaschig vernetzten Moleküle nicht in der Lage, sich einer Verformung zu widersetzen, und sie verhalten sich deshalb gummielastisch. Nach der Beanspruchung erhalten sie wieder ihre ursprüngliche Form zurück. Typische Elastomere sind z.B. Styrolbutadien-Kautschuk (SB) und Silikonkautschuk.

Duroplaste bestehen aus dreidimensional engmaschig vernetzten Molekülen. Ihre stark vernetzte Struktur bleibt auch bei höheren Temperaturen erhalten, so dass diese Kunsstoffe weder schmelzbar noch löslich sind. Der vernetzte Zustand wird erst nach der Formgebung des Kunststoffes durch eine chemische Reaktion herbeigeführt. Insofern sind die Duroplaste sowohl im chemischen als auch im technologischen Sinne mit vielen vernetzbaren Lacksystemen vergleichbar. Wichtige Beispiele von Duroplasten sind Epoxidharze (EP), ungesättigte Polyester (UP) und Polyurethane (PUR).

Reinigung und Vorbehandlung

Vor der Lackierung von Kunststoffen ist es notwendig, die an der Oberfläche zwangsläufig vorhandenen **Trennmittel**, welche die Ablösung der Kunststoffteile aus den Formen bei ihrer Herstellung erleichtern, restlos zu entfernen, da sie die Haftung der Beschichtungsstoffe entscheidend beeinträchtigen würden. Außerdem ist eine gründliche Reinigung von Schmutz-, Fett- und Schweißspuren erforderlich. Zu diesem Zweck können, ähnlich wie bei den metallischen Untergründen, wässrige Lösungen eingesetzt werden, die mit Tensiden ausgerüstet sind. Ihre Wirksamkeit ist in vielen Fällen jedoch nicht ausreichend, da die Kunststoffe zu unpolar sind, um sich von solchen Lösungen benetzen zu lassen.

Aus diesen Gründen wird die Reinigung häufiger mit organischen Lösemitteln durchgeführt. Hierbei ist jedoch zu beachten, dass die thermoplastischen Kunststoffe nur begrenzt lösemittelbeständig sind. Für sie gilt auch der Grundsatz, dass sich Ähnliches in Ähnlichem löst. Lösemittel, die in ihrem chemischen Aufbau einem Kunststoff ähnlich sind, können diesen anlösen oder durch diesen diffundieren. Die dabei stattfindende Schwächung der Anziehungskräfte zwischen der Kunststoffmolekülen kann zu Rissbildung führen. Sowohl für die Reinigung wie auch bei der Rezeptierung von Beschichtungsstoffen für Kunststoffuntergründe muss die Wahl der Lösemittel mit größter Sorgfalt stattfinden.

Der Reinigungsvorgang kann, vor allem bei Duroplasten, durch Schleifen unterstützt werden. Eine Reinigung durch Abwischen mit trockenen

Tüchern ist bei allen Kunststoffen nicht zu empfehlen, da diese die Neigung haben, sich beim Reiben elektrostatisch aufzuladen. Eine geladene Kunststoffoberfläche aber ließe sich kaum sauber lackieren, da sie in hohem Maße Staub und Schmutz anzieht.

Die elektrostatische Aufladung ist ein generelles Problem der Kunststoffe. Man versucht ihr im Vorfeld zu begegnen, indem man die Kunststoffteile mit leitenden Füllstoffen oder antistatischen Mitteln ausrüstet. Oft werden die Teile vor dem Lackieren außerdem mit ionisierter Luft behandelt, um bereits vorhandene Ladungen auszugleichen.

Ein weiteres spezifisches Problem der Kunststoffuntergründe ist ihre i.a. sehr niedrige Polarität. Sie erschwert eine Benetzung und die Bildung ausreichender Adhäsionskräfte durch polarere Beschichtungsstoffe.

Es gibt verschiedene Vorbehandlungsverfahren, die auf eine Polaritätserhöhung der Kunststoffoberfläche hinzielen. Das älteste, und heute wegen der Krebsgefahr durch Verbindungen des sechswertigen Chroms nur noch wenig praktizierte Verfahren, ist die Oxidation mit Chromschwefelsäure. Sehr viel häufiger greift man inzwischen auf das **Beflammen** zurück. Hierbei wird die Kunststoffoberfläche mit einer oxidierenden Flamme behandelt.

Häufig praktiziert wird auch das **Corona-Verfahren**, in dem man mit Hilfe von Hochspannungs-Elektroden (bei hohen Wechselspannungen) nach einer Art Gasentladung in der Luftschicht über der Kunststoffoberfläche Ionen erzeugt, durch deren Einwirkung im Kunststoff polare Stellen entstehen. Ähnlich in der Wirkungsweise ist die Plasmabehandlung, aber technisch aufwendiger und deshalb seltener angewandt, so dass hierauf nicht näher eingegangen wird.

7.1.4 Holz und Holzwerkstoffe

Holz unterscheidet sich von allen anderen Werkstoffen dadurch, dass es von der lebenden Natur abstammt und einen in sich sehr differenzierten Aufbau zeigt, der überwiegend von den verschiedenen Funktionen des Pflanzenwachstums geprägt ist.

Struktur und Eigenschaften

Die Hauptkomponenten des Holzes sind die Cellulose, die Hemicellulose, das Lignin und in geringeren Mengen verschiedene Harzbestandteile. Die Verteilung dieser Komponenten und die Struktur der Holzfasern sind je nach Holzart unterschiedlich. Wie die Abbildung 52 zeigt, variieren sie jedoch auch innerhalb desselben Holzstammes.

Die Außenbereiche des Stammes bestehen aus dem weichen und saugfähigen **Splintholz**, dessen Zellen für den Transport der Flüssigkeit und der Nährstoffe verantwortlich sind. Zur Mitte hin übernehmen die Holzfasern zunehmend eine tragende Funktion für den wachsenden Baumstamm und sind deshalb härter und dichter. Ihre Festigkeit wird durch höhere Harzanteile gesteigert, welche dunkel gefärbt sind.

Die härteren und dunkleren Innenbereiche des Stammes werden **Kernholz** genannt. Splint- und Kernholz verhalten sich unterschiedlich bezüglich ihrer Formbeständigkeit. Teile aus Splintholz neigen stärker dazu, bei Temperatur- und Feuchtigkeitsschwankungen zu „arbeiten", das heißt ihre Form zu verändern, und sind deshalb für maßhaltige Konstruktionen nicht geeignet.

Die Maßhaltigkeit wird aber auch entscheidend von der Holzsorte geprägt. Im allgemeinen sind die härteren Hölzer dichter aufgebaut und somit weniger in der Lage, durch Feuchtigkeitsaufnahme zu quellen. Sie werden deshalb für den Bau maßhaltiger Konstruktionen bevorzugt.

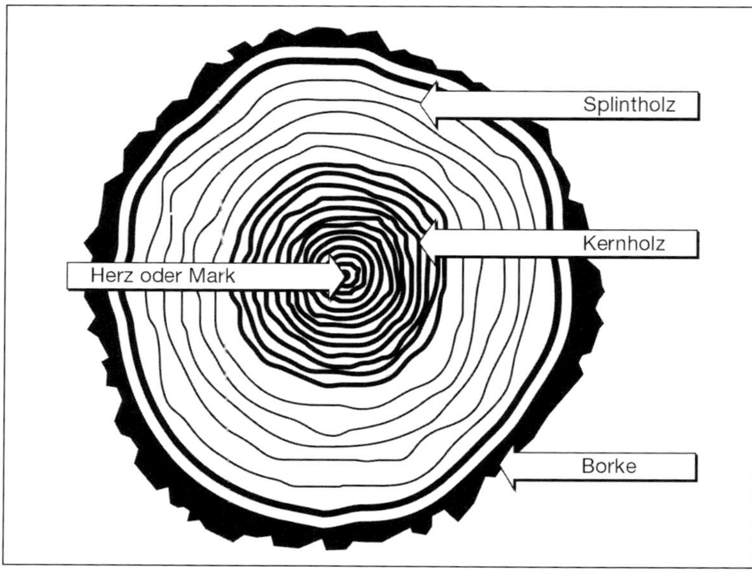

Abbildung 52: Typischer Strukturquerschnitt von Holz

Es folgt eine Aufstellung der bekanntesten Holzarten, unterteilt nach Härteklassen.

Harte Holzsorten:	Kirsche, Palisander, Ebenholz, Teak
Mittelharte Holzsorten:	Eiche, Esche, Buche, Mahagoni, Nussbaum
Weiche Holzsorten:	Pappel, Birke, Fichte, Tanne, Gabun

Nach ihrer Fällung müssen die Holzstämme ausreichend lang gelagert werden, damit sie auf natürliche Weise trocknen können. Gut abgelagertes Holz enthält, je nach Qualität, zwischen 8 und 15 % Restfeuchte. Nur in diesem Zustand eignet es sich optimal zur Verarbeitung und zur Beschichtung.

Holztypen

Holz wird relativ selten massiv verarbeitet. Aus **Massivholz** werden überwiegend maßhaltige Teile wie Fensterrahmen, Stühle, bestimmte hochwertige Möbel und Holzkonstruktionen hergestellt. Für die meisten Anwendungen werden in der modernen Holzindustrie jedoch so genannte **Holzwerkstoffe** eingesetzt. Sie bestehen aus zerlegten Holzteilen – vielfach sogar als Reststoffe bei der Holzverarbeitung anfallend – die mit Hilfe von Bindemitteln zusammengefügt werden. Holzwerkstoffe bieten nicht nur preisliche Vorteile, sondern sind manchmal auch verarbeitungstechnisch einfacher und sicherer zu handhaben als Massivholz.

Die wichtigsten Holzwerkstoffe sind:

a) Furnierte Platten
Sie kommen in ihrem Aussehen dem Massivholz am nächsten und werden überwiegend im Möbelbau eingesetzt. Sie bestehen aus minderwertigen Trägerplatten (Sperrholz, Tischlerplatten, Spanplatten), auf die dünne Schichten von edleren Hölzern, so genannte **Furniere**, aufgeleimt werden. Dadurch entfalten die Platten nach außen die Schönheit der Maserung, die charakteristische Farbe und die Struktur des Furnierholzes.

b) Sperrholz
Dieses Material besteht aus mehreren, eher minderwertigen Furnierschichten (mindestens drei), die senkrecht zu ihrer Faserrichtung übereinander geleimt werden. Dadurch erhalten sie eine gewisse Formbeständigkeit.

c) Tischlerplatten
Sie bestehen aus verleimten Holzblöcken oder -stäbchen, deren Fasern entlang der Jahresringe so angeordnet sind, dass bei eventuellen Verformungen ein gegenseitiger Volumenausgleich stattfindet. Diese formbeständigen

verleimten Lagen werden nach beiden Seiten mit Furnierschichten veredelt. Tischlerplatten finden breite Anwendung im Möbelbau.

d) Span- und Hartfaserplatten
Sie werden hergestellt, indem man Holzspäne bzw. zerfasertes Holz mit Kunstharzen vermischt, und warm verpresst, bis das Bindemittel ausgehärtet ist. Die Eigenschaften dieser Materialien werden naturgemäß stark vom verwendeten Kunstharz beeinflusst. Span- und Hartfaserplatten sind besonders preisgünstig und lassen sich außerdem sowohl durch Furnierschichten wie auch durch Dickschichtüberzüge aller Art veredeln.

Schleifbehandlung

Vor dem Beschichten müssen Holz und furnierte Holzwerkstoffe grundsätzlich geschliffen werden, wobei hier der Schliff weniger die Aufgaben der Reinigung und Haftungsverbesserung, sondern mehr die der **Glättung** der Oberfläche übernimmt. Das Schleifen erfolgt nur mit Trockenschleifpapier, weil die Verwendung von Wasser und die damit verbundene Erhöhung der Holzfeuchtigkeit für die Beschichtung schädlich wären.

Bei der handwerklichen Bearbeitung wird Holz immer in Faserrichtung geschliffen, weil so die Schleifriefen durch die natürlichen Vertiefungen der Fasern kaschiert werden. Industriell erfolgt jedoch manchmal der Schleifvorgang anlagebedingt quer zur Faserrichtung. Danach muss die geschliffene Oberfläche sorgfältig vom Schleifstaub befreit werden. Beim Auflegen der ersten Lackschicht richten sich oft Holzfasern wieder auf, weshalb ein leichtes Nachschleifen nach der Trocknung (Köpfen der Fasern) grundsätzlich zu empfehlen ist.

Beizen und Imprägnieren

Nach dem Schleifen des unbeschichteten Holzes können Vorbehandlungsschritte folgen, die das Ziel haben, eine Veränderung der natürlichen Farbe der Holzfasern herbeizuführen. Ein Aufhellen ist durch verschiedene Bleichtechniken auf chemischem Wege erreichbar. Die Verwendung von **Beizen** ermöglicht das Einstellen verschiedener Dunkeltöne der Holzfasern und gleichzeitig eine stärkere Hervorhebung der Maserung. Dadurch können edlere Holzeffekte erzeugt werden.

Das Beizen von Holz kann durch die bloße Imprägnierung der Holzfasern mit Farbstofflösungen erfolgen oder auf chemischen Reaktionen zwischen den Komponenten der Beize und den Holzfasern beruhen. Die klassischen Beizen sind in Wasser oder Lösemitteln gelöste Produkte, es gibt jedoch modernere Varianten auf Basis von Dispersionen.

Eine weitere holzspezifische Vorbehandlung ist die **Imprägnierung**. Sie dient in erster Linie der Konservierung des Holzes und seinem Schutz vor biologischem Abbau durch Mikroorganismen, vor allem dann, wenn es für Außenanwendungen vorgesehen ist. Hierzu werden Imprägnierlösungen mit hohem Eindringvermögen, meistens auf Basis von trocknenden Ölen oder Alkydharzen, eingesetzt. Zur Erhöhung der Flammfestigkeit kommen auch wässrige Dispersionen zur Anwendung.

Der Auftrag kann handwerklich mittels Pinsel oder Bürste erfolgen. Die industrielle Imprägnierung in Tauchbecken oder Druckkesseln ist jedoch viel effizienter, da höhere Eindringtiefen erreicht werden.

An der Grenze zwischen den Imprägnierlösungen und den Beschichtungen befinden sich die so genannten **Imprägnierlasuren** (Dünnschichtlasuren), die sich zunehmender Beliebtheit erfreuen. Sie sind sehr niedrigviskos und besitzen somit ein hohes Eindringvermögen, bilden jedoch gleichzeitig auch einen dünnen Film von max. 20 µm, der die Atmungsfähigkeit des Holzes nicht ganz unterbindet (offenporige Beschichtungen). Die Imprägnierlasuren enthalten sowohl Fungizide als auch transparente Pigmente, vornehmlich Eisenoxide. Man ist damit in in der Lage, sowohl die Funktion des Beizens wie auch die der Konservierung auszuführen. Die in den Lasuren enthaltenen transparenten Eisenoxide entfalten außerdem eine Lichtschutzwirkung in Bezug auf das Holz, da diese Pigmente ein hohes UV-Absorptionsvermögen zeigen.

Bei der Lackierung von tropischen Hölzern ist zu berücksichtigen, dass sie häufig Bestandteile enthalten (z.B. Harze, Gerbstoffe usw.), die farbtonmäßig durchschlagen können und andererseits auch die Aushärtung von oxidativ trocknenden Beschichtungen beeinträchtigen. Diese Stoffe können durch gründliches Auswaschen mit Lösemitteln entfernt werden. Sicherer ist jedoch die Anwendung von **Absperrgründen**, welche das Holz von der darauf folgenden Beschichtung isolieren.

7.1.5 Mineralische Untergründe

Darunter versteht man verschiedene heterogene Systeme, die vornehmlich in der Bauwirtschaft Anwendung finden. Hauptbestandteile sind Verbindungen des Calciums, wie Kalk und Gips, ferner Aluminiumoxide und Kieselsäure. Ihre Vielfalt reicht von den Natursteinen und Ziegelsteinen bis hin zu Mörtel, Putz und Beton. Bei Bewitterung, vor allem in Industrieatmosphäre, können mineralische Untergründe - ungeschützt - mehr oder weniger stark angegriffen werden. Diese Problematik spielt im Denkmalschutz eine besondere Rolle, aber auch bei modernen Bauten ist sie nicht zu vernachlässigen.

Die Konservierung von Bausubstanz geht i.a. Hand in Hand mit der Erzielung einer wasserabweisenden Wirkung (Hydrophobierung), die ein Eindringen angreifender Stoffe in die Poren des Mauerwerkes verhindert. Dies wird optimalerweise durch den Einsatz so genannter **Tiefgründe** auf Silikonbasis erzielt. Sie dringen in die Poren und Kapillaren des silikatischen Untergrundes ein und machen sie wasserabstoßend, ohne sie restlos zu schließen. Dadurch bleibt die Atmungsfähigkeit des Mauerwerkes gegenüber Wasserdampf und Gasen erhalten.

Tiefgründe haben auch die Aufgabe, die Saugfähigkeit der Bausubstanz herabzusetzen, was sich auf die Ergiebigkeit der Beschichtungsstoffe positiv auswirkt. Beim Vorhandensein mürber bzw. sandender Schichten auf dem Untergrund, z.B. bei tot geriebenem Putz, findet durch den Tiefgrund eine Verfestigung statt.

Eine bei frischem Mauerwerk häufig auftretende Erscheinung ist das Ausblühen von leicht löslichen Calciumsalzen. Es macht sich als unansehnliche, weißliche Schicht auf der Maueroberfläche bemerkbar. Das Ausblühen kann mit Hilfe spezieller Imprägnierungsmittel, so genannter **Fluate**, unterbunden werden. Hierbei handelt es sich um Lösungen von Hexafluorosilikaten, welche die Calciumsalze in eine schwer lösliche Form überführen. Der Fluatierung folgt in der Regel eine Nachbehandlung mit Tiefgrund.

7. 2 Applikation von Beschichtungsstoffen

7.2.1 Allgemeines

Beschichtungsstoffe können, je nach Beschaffenheit und Verwendungszweck, mit Hilfe verschiedenster Technologien aufgetragen werden. Einige davon sind so alt wie die Geschichte der Menschheit, andere so neu, dass sie gerade ihre Pilotphase hinter sich gebracht haben. Einige Techniken lassen sich mit sehr einfachen Mitteln realisieren, andere greifen auf aufwendige und kostspielige Apparaturen zurück.

Unter Berücksichtigung ihrer Aktualität lassen sich die Applikationstechniken am sinnvollsten in handwerkliche und industrielle Methoden unterteilen. Im Folgenden werden nicht nur die Applikationsmethoden, sondern auch ihre Vor- und Nachteile vergleichend beschrieben.

7.2.2 *Handwerkliche Applikationstechniken*

Streichen

Das Streichverfahren ist das älteste Applikationsverfahren überhaupt. Seine Verbreitung ist unmittelbar mit der Erfindung des **Pinsels** verbunden, welche auf die Anfänge der ältesten Kulturen zurückgeht. Der Pinsel besteht bekanntlich aus einem Stiel, meistens aus Holz, auf dem Haar- bzw. Borstenbündel befestigt sind. Je nach Verwendungszweck können die Pinsel unterschiedliche Formen aufweisen und mit tierischen Haaren oder synthetischen Borsten ausgestattet sein. Am häufigsten verwendet werden Flachpinsel, Ringpinsel, Vertreiber, Heizkörperpinsel und Deckenbürste.

- **Vorteile des Streichverfahrens**
  Der Pinsel ist ein besonders preiswertes Applikationsinstrument und lässt sich ortsunabhängig einsetzen. Die Streichtechnik erlaubt auch die Beschichtung kompliziert geformter Objekte bei nur geringem Materialverlust. Das Fehlen von Overspray macht aufwendiges Abdecken überflüssig, die Pinselreinigung ist einfach und emissionsarm.
- **Nachteile des Streichverfahrens**
  Der richtige Umgang mit dem Pinsel setzt eine gewisse handwerkliche Erfahrung voraus. Die Streichtechnik ist, vor allem bei größeren Flächen, sehr arbeitsintensiv. Die aufgetragenen Lackschichtdicken können, vor allem bei kompliziert geformten Objekten, erheblich schwanken, und durch zurückbleibende Pinselfurchen wird die Oberflächenqualität beeinträchtigt.

Trotz der erwähnten Nachteile ist diese uralte Applikationstechnik nach wie vor eine der wichtigsten im handwerklichen Bereich. Ihre Anwendungsschwerpunkte liegen im Maler-, Bauten-, Holzlack- und Do-it-yourself-Sektor.

Rollen

Das Rollen stellt im Prinzip eine Weiterentwicklung bzw. eine Ergänzung des Streichens dar. Als Arbeitsinstrumente stehen hier verschiedene Varianten von Lackierwalzen (**Rollen**) zur Verfügung.

Bei wässrigen Beschichtungsstoffen, wie Dispersionsfarben, kommen überwiegend Kurzhaar- oder Langhaarrollen aus Lammfell bzw. Perlon zur Anwendung, während für lösemittelhaltige Lacke Schaumstoffrollen bevorzugt werden. Vor der Applikation muss überschüssiges Lackmaterial mit Hilfe spezieller Abstreichgitter von der Rolle entfernt werden.

- **Vorteile des Rollens**
  Mit der Rolle lassen sich größere Flächen gleichmäßiger und mit geringerem Arbeitsaufwand beschichten als mit dem Pinsel.
- **Nachteile des Rollens**
  Die Methode ist nur für glatte Flächen anwendbar. Das Auftreten von Spritzern macht Abdeckarbeit erforderlich.

Spritzen

Unter den handwerklichen Beschichtungstechniken ermöglicht das Spritzverfahren die schnellste Arbeitsweise und die besten Applikationsergebnisse. Das Grundprinzip basiert auf der Zerteilung des Beschichtungsstoffes in feine Tröpfchen mit Hilfe von Luft oder Druck (**Zerstäubung**). Die Tröpfchen schlagen sich auf dem Untergrund nieder und fließen zu einem gleichmäßigen Film zusammen.

Dieser Vorgang kann u.a. durch Veränderung der Temperatur beeinflusst werden. So gibt es **Warm**- und **Heißspritzverfahren**, welche die einwandfreie Applikation lösemittelarmer, hochviskoser Beschichtungsstoffe durch die Erniedrigung ihrer Viskosität ermöglichen. Auf diese Weise lassen sich höhere Schichtdicken bei geringerer Lösemittelemission und niedriger Anzahl von Spritzgängen erzielen.

Es gibt verschiedene Varianten von Spritzverfahren, die im Folgenden detailliert beschrieben werden. Ihnen gemeinsam ist die mehr oder weniger ausgeprägte Erzeugung von Spritznebel, was entsprechende Absaugvorrichtungen erforderlich macht Als Applikationsgeräte dienen Spritzpistolen, die, je nach Verfahren, unterschiedliche technische Ausstattungen aufweisen.

- ***Spritzen mit Druckluft***

Das gebräuchlichste Spritzverfahren ist das **Hochdruckspritzen**, auch pneumatisches Spritzen genannt, da Druckluft als Hilfsmittel zur Zerstäubung dient. Der erforderliche Luftdruck variiert zwischen 2 und 6 bar und wird in Kompressoren erzeugt. Vor dem Einsatz muss die Luft durch Öl- und Wasserabscheider gereinigt werden. Neben den konventionellen Spritzpistolen setzen sich mehr und mehr so genannte **HVLP-Pistolen** durch. Diese verfügen über eine besondere Düse, in der eine Reduzierung des Arbeitsdrucks auf unter einem Bar erfolgt bei gleichzeitiger Erhöhung des Luftvolumens (HVLP = High Volume Low Pressure). Auf diese Weise erfolgt eine deutliche Reduzierung des **Oversprays** bei nur geringfügiger Verschlechterung der Zerstäubung. Die Düsenöffnung der Spritzpistole liegt in der Regel zwischen 1 und 2 mm. Je nach Art der Lackzufuhr unterscheidet man zwischen folgenden Varianten von Spritzpistolen.

Fließbecherpistole
Der Lackvorratsbehälter ist oberhalb der Spritzdüse an der Pistole befestigt, so dass der Lack überwiegend durch die eigene Schwerkraft in die Pistole fließt (Abbildung 53).

Saugbecherpistole
Der Lackvorratsbehälter ist unterhalb der Spritzdüse angebracht. Der Lack wird durch den Unterdruck, den die Spritzluft erzeugt, in die Pistole eingesaugt.

Druckbecherpistole
Diese Variante ist namentlich für schlecht fließende Beschichtungsstoffe geeignet. Ein Teil der Spritzluft wird in den an der Pistole befestigten und verschlossenen Lackvorratsbehälter eingeleitet und drückt das Material von dort in die Pistole.

Druckkesselpistole
Sie dient zur Verarbeitung größerer Lackmengen. Der Lackvorratsbehälter ist von der Pistole räumlich getrennt und mit dieser über einen Schlauch

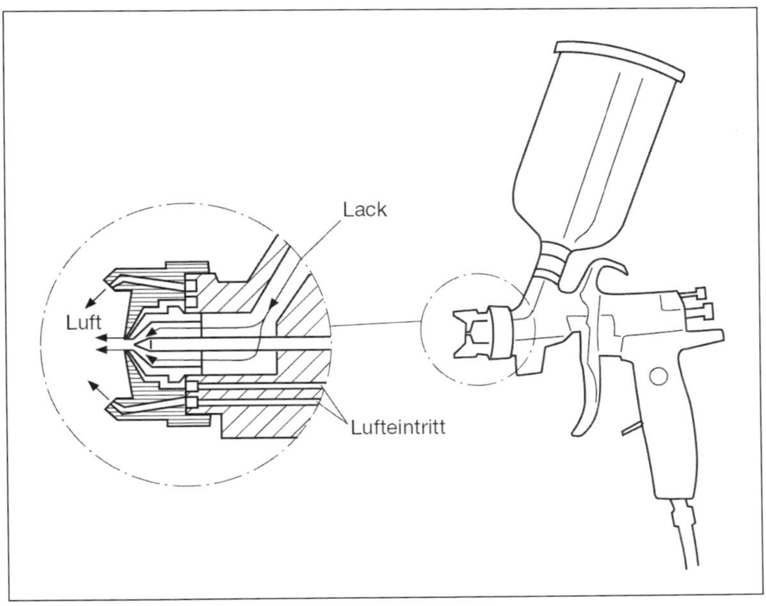

Abbildung 53: Prinzip des Hochdruckspritzens (mit der Fließbecherspritzpistole)

verbunden. Der Behälter kann ein Druckkessel sein oder eine unter Druck stehende Farbringleitung, an der mehrere Spritzpistolen angeschlossen sind.

Abgesehen von der Pistolenart, erfolgt die Zerstäubung im Hochdruckspritzen stets nach demselben Prinzip. Dies wird am Beispiel einer Fließbecherpistole in Abbildung 53 dargestellt. Die Druckluft vermischt sich mit dem Lackmaterial nicht in der Pistole, sondern beim Austritt aus der Düse. Um die Düse wird ein ringförmiger Druckluftstrahl gebildet, welcher im Düsenbereich einen Unterdruck erzeugt. Dadurch wird der austretende Lack in Form vieler feiner Tröpfchen auseinandergerissen, die von der Luft zum Objekt transportiert werden. Neben der Düse sind seitlich zwei so genannte Hornbohrungen angebracht, aus denen regulierbare Querluftströme austreten. Sie dienen zur Einstellung der Breite des Spritzstrahls.

- **Vorteile vom Hochdruckspritzen**
  Das Verfahren ermöglicht die Applikation sehr gleichmäßiger Lackschichten und somit optimale Glanz- und Verlaufseigenschaften der Beschichtung. Bei Metallics ist das Hochdruckspritzen praktisch die einzige handwerkliche Beschichtungstechnik, bei der wolkenfreie und reproduzierbare Effekte zustande kommen. Das Lackieren auch komplex geformter Teile kann in einem Arbeitsgang allseitig und ohne Zugriff erfolgen.
- **Nachteile vom Hochdruckspritzen**
  Durch den hohen Zerstäubungsgrad wird viel Spritznebel erzeugt, welcher zum einen, bei falscher Handhabung des Verfahrens, zu Störungen der Filmoberfläche führen kann und zum anderen hohe Materialverluste verursacht. Der Spritznebel, der das Objekt nicht erreicht (**Overspray**), muss durch teure Absaugungseinrichtungen gefahrlos für Mensch und Umwelt beseitigt werden. Optimale Applikationsergebnisse können, vor allem bei Metallics, nur mit entsprechender Spritzerfahrung erreicht werden.

- ***Spritzen unter Flüssigkeitsdruck***

Beim **Airless-Spritzen** (Hydraulisches Spritzen) erfolgt die Zerstäubung ohne Einsatz von Druckluft. Hier wird mit Hilfe von Kolbenpumpen das Lackmaterial selbst unter hohen Druck gesetzt. Die üblichen Lackdruckwerte liegen zwischen 200 und 600 bar. Das Zerstäubungsprinzip basiert auf dem großen Druckabfall, den der Lack beim Verlassen der Pistole durch eine schlitzförmige Düse erfährt. Die plötzliche Entspannung zerreißt den Lackstrahl in viele feine Tröpfchen. Anders als beim Hochdruckspritzen ist beim Airless-Spritzen der Spritzstrahl kaum regulierbar und der Zerstäubungsgrad geringer.

Das Airless-Verfahren wird beim Lackieren von Großfahrzeugen und Industrie-Objekten, u.a. wegen der geringen Spritznebelbildung, bevorzugt.

- **Vorteile vom Airless-Spritzen**
  Die geringere Zerstäubung ermöglicht die Applikation von höheren Schichtdicken in einem Arbeitsgang und verursacht viel weniger Spritznebel als das Hochdruckspritzen. Dies hat wiederum, gerade beim Lackieren von Großobjekten unter unzureichenden Absaugungsbedingungen, eine geringere Belästigung der Beschäftigten und niedrigere Materialverluste zur Folge. Ein weiterer großer Vorteil ist die Möglichkeit, direkt aus den Liefergebinden zu arbeiten, da die Airless-Pumpen eingetaucht werden können.
- **Nachteile vom Airless-Spritzen**
  Sicherheitseinrichtungen, bedingt durch die hohen Drücke, verteuern die Apparaturen. Der geringere Zerstäubungsgrad hat stark abgegrenzte Spritzstrahlen zur Folge, die außerdem nicht regulierbar sind. Dadurch lassen sich keine so gleichmäßigen Lackoberflächen erzielen wie beim Hochdruckspritzen.

- ***Elektrostatisches Spritzen***

Eine häufig genützte Möglichkeit, die Lackverluste durch Overspray weiter zu reduzieren, ist die Kombination des **elektrostatischen Spritzens** mit den oben genannten Spritzverfahren. Bei den elektrostatisch unterstützten Varianten des Hochdruck- und Airless-Spritzens sind die Pistolen mit Hochspannungselektroden ausgestattet, an welchen sich die zerstäubten Lacktröpfchen elektrisch aufladen. Die geladenen Tröpfchen wandern im elektrischen Feld zielsicher zu dem (geerdeten) Objekt, so dass kaum Overspray ensteht. Das Prinzip des elektrostatischen Lackierens wird ausführlicher unter den industriellen Applikationsverfahren beschrieben.

7.2.3. Industrielle Applikationstechniken

Konventionelles Tauchen

Analog dem Streichen für den handwerklichen Bereich, zählt das Tauchen zu den ältesten Verfahren der industriellen Lackierung. Dies ist hauptsächlich auf seine apparative Einfachheit zurückzuführen, welche wirtschaftliches Beschichten vor allem von Kleingegenständen ermöglicht. Im Prinzip benötigt man nur ein Becken und entsprechende Ein- und Austauchvorrichtungen. Die Tauchgeschwindigkeit muss so bemessen sein, dass nicht zuviel Luft in das Lackmaterial gelangt und dass ein geregeltes

Abtropfen des überschüssigen Beschichtungsstoffes gewährleistet ist (Läufergefahr!).

Beim Tauchen mit lösemittelhaltigen Lacken besteht die Gefahr von erhöhten Lösemittelkonzentrationen. Um die Brandrisiken zu minimieren, haben sich deshalb Systeme auf Basis von Trichlorethen etabliert (**Tri-Tauchlacke**). Dieses chlorierte Lösemittel ist nicht nur schwer brennbar, sondern zeigt auch ein sehr günstiges Verdunstungsverhalten, zumal wenn das Tauchen bei höheren Temperaturen durchgeführt wird. Die physiologische und umweltbezogene Bedenklichkeit der Chlorkohlenwasserstoffe erfordern jedoch zusätzliche Sicherheitsvorkehrungen, die das Verfahren verteuern. Aus diesem Grund gewinnt das Tauchen mit **wasserverdünnbaren Lacken** ständig an Boden.

- **Vorteile des konventionellen Tauchens**
  Geringer apparativer Aufwand und kaum Materialverlust. Vor allem beim Heißtauchen ist rationelles Beschichten großer Stückzahlen möglich.
- **Nachteile des konventionellen Tauchens**
  Emissionsprobleme beim Tri-Verfahren bzw. ungünstiges Verdunstungsverhalten bei wasserverdünnbaren Systemen. Eine einwandfreie Beschichtung gelingt nur bei geeignet geformten Gegenständen.

Fluten

Das Flutverfahren zeigt Ähnlichkeiten mit dem konventionellen Tauchen. Hier wird das Werkstück jedoch nicht getaucht, sondern, mit Hilfe von Flutdüsen, über einem Auffangbecken mit Lack übergossen. Der abgelaufene Lack wird gesammelt und wiederverwendet.

- **Vorteile des Flutens**
  Geringer apparativer Aufwand. Das Verfahren kann auch handwerklich eingesetzt werden (z.B. Lackieren bereits montierter Heizkörper). Geringer Materialverlust.
- **Nachteile des Flutens**
  Vergleichbar mit denen des konventionellen Tauchens.

Elektrotauchlackierung

Dieses Verfahren zählt zu den modernsten und technologisch aufwendigsten Applikationsmethoden und hat sich seit Jahren, vor allem im Autoserien-Bereich, einen festen Platz erobert. Die erfolgreiche Einführung der Elektrotauchlackierung ist eng mit der Entwicklung hochwertiger wasserlöslicher Filmbildner verbunden, welche, je nach Zusammensetzung, die Art der Abscheidung bestimmen.

- ***Verfahrensweise***

Es gibt zwei Varianten des Verfahrens: die anodische (ATL) und die katodische (KTL) Elektrotauchlackierung. Für beide Varianten gilt das Grundprinzip, dass in dem Becken, in dem der wasserlösliche Elektrotauchlack enthalten ist, das zu lackierende Werkstück und eine Gegenelektrode, die bei ATL auch der Beckenrand sein kann, an die entgegengesetzten Pole einer Gleichspannungsquelle angeschlossen werden.

Die angelegte Spannung liegt gewöhnlich zwischen 50 und 300 Volt. Zwischen den beiden Polen entsteht ein elektrisches Feld, welches die Abscheidung der Lacktröpfchen am Werkstück verursacht. Der Transport der Lacktröpfchen zum Objekt erfolgt durch eine ständige Umwälzung des Lackmaterials im Tauchbecken.

Beim ATL-Verfahren ist das Werkstück als positiver und die Gegenelektrode als negativer Pol geschaltet, beim KTL-Verfahren ist es umgekehrt.

Die Lackabscheidung ist im strengen Sinne die Folge einer **Wasserelektrolyse**, welche dicht am Werkstück beim ATL-Verfahren einen Überschuss an positiv geladenen Wasserstoffionen, beim KTL-Verfahren dagegen einen an negativ geladenen Hydroxylionen erzeugt. Dadurch wird – in beiden Fällen – die Wasserlöslichkeit des Filmbildners wieder rückgängig gemacht (siehe Beispiel auf Seite 132) und die Lacktröpfchen koagulieren auf der Objektoberfläche. Der dabei entstehende zusammenhängende Film ist sehr gleichmäßig und gut haftend. Nachdem überschüssiger, noch anhaftender, aber nicht elektrisch abgeschiedener Lack abgespült worden ist, erfolgt das Einbrennen im Ofen.

Im Autoserienbereich wendet man nur eine Lackabscheidung nach dem KTL-Verfahren an, weil KTL-Systeme eine deutlich bessere Korrosionsbeständigkeit als ATL-Systeme zeigen. Andererseits sind ATL-Bindemittel preiswerter, weshalb ihre Anwendungsschwerpunkte im weniger anspruchsvollen Industrielacksektor zu finden sind.

- ***Zusatzeinrichtungen***

Aufgrund seiner Komplexität wird hier auf eine schematische Darstellung des Elektrotauchverfahrens verzichtet. Es sei jedoch erwähnt, dass dem Tauchbecken eine Vorbehandlungszone vorgeschaltet und eine Spül- und Abdunstzone nachgeschaltet ist.

Außerdem nutzt man bei dem Verfahren einen **Ultrafiltrationskreislauf**, um dem Bad niedermolekulare Bestandteile zu entziehen bzw. Spülflüssigkeit für den vorgenannten Spülprozess zu erzeugen und, je nach

Variante, auch einen so genannten **Anolytkreislauf**, um freiwerdendes Neutralisationsmittel zu entfernen. Die Bad-Zusammensetzung wird laufend kontrolliert und mit frischem Material ergänzt.

- **Vorteile vom Elektrotauchverfahren**
  Der vollautomatische Betrieb ermöglicht eine hohe Wirtschaftlichkeit. Das Verfahren arbeitet praktisch verlustfrei und die Emission ist sehr gering. Die Schichtdicken sind, auch an schwerzugänglichen Stellen und auf Kanten, sehr gleichmäßig. Durch den so genannten **Umgriff**, das heißt die Fähigkeit der Feldlinien teilweise auch die Rückseite eines Objektes zu erreichen, können auch Hohlräume optimal beschichtet werden, weil die zunehmende Isolierwirkung des bereits abgeschiedenen Lackmaterials die Feldlinien regelrecht in die so genannte **Faraday-Käfige** (s. S. 163) hineinzwängt. In diesem Punkt unterscheidet sich die **ET-Lackierung** deutlich von dem elektrostatischen Spritzapplikationensverfahren.
- **Nachteile vom Elektrotauchverfahren:**
  Die Investitionskosten sind sehr hoch. Wegen der isolierenden Wirkung des abgeschiedenen Lackes lässt sich nur eine definierte maximale Schichtdicke erreichen.

Trommeln und Zentrifugieren

Diese Lackiermethode kommt bei Massengütern zur Anwendung, bei denen der Preis im Vordergrund steht und die Ansprüche an die beschichtete Oberfläche nur zweitrangig sind (Holzbauklötze, Knöpfe, kleine Werkzeugteile usw.). Die zu beschichtenden Teile werden mit einer berechneten Lackmenge in eine Trommel gefüllt, die, im verschlossenen Zustand, solange in eine Schüttel- bzw. Taumelbewegung versetzt wird, bis alle Teile mit einer gleichmäßigen Lackschicht bedeckt sind. Anschließend wird eventuell noch vorhandener überschüssiger Lack abgeschleudert. Vorgetrocknet wird in der Regel in der Trommel selbst (beheizbare Trommel). Die Haupttrocknung spielt sich in Gitterkörben bzw. auf Rosten ab, welche ebenfalls geschüttelt werden, um zu verhindern, dass die trocknenden Teile aneinander kleben.

- **Vorteile vom Trommeln**
  Geringer apparativer Aufwand und niedriger Lackverlust. Sehr rationelle Beschichtung von Kleingegenständen.
- **Nachteile vom Trommeln**
  Für halbwegs anspruchsvolle Oberflächenqualitäten nicht anwendbar. Nicht geeignet für größere Gegenstände.

Walzen

Walzlackierverfahren ermöglichen sehr rationelles und wirtschaftliches Beschichten von flachen Gegenständen aller Art (Holz- und Metalltafeln, Folien, Papierbahnen, Kartons usw.). Mit Hilfe einer **Dosierwalze** wird der Lack in definierter Schicht der **Auftragswalze** übergeben, welche ihn gleichmäßig auf den flachen Beschichtungsuntergrund überträgt. Je nach Anordnung der Walzen zueinander sind zwei Varianten der Lackübertragung möglich, wie Abbildung 54 erläutert.

Der Abstand zwischen Dosier- und Auftragswalze ist veränderlich, so dass ein breites Spektrum an Lackschichtdicken (von wenigen µm bis ca. 100 µm) eingestellt werden kann. Nach dieser Auftragsmethode lassen sich auch verschiedene Schichten in Serie applizieren. So kann bei 2K-Systemen z.B. die Härterschicht (Reaktionsgrund) getrennt vom Stammlack aufgewalzt werden. In modernen Lackierstraßen jedoch wird der Stammlack zunehmend mit Hilfe der sehr schnellen UV-Härtung direkt vernetzt. Vor allem zur Holzbeschichtung verwendet man auch Kombinationen von Walz- und Gießverfahren. Beide sind überhaupt die zwei verbreitetsten industriellen Lackiertechniken für Holz- und Holzwerkstoffe.

Eine wichtige Sondervariante der Walzlackierverfahren ist die bereits auf Seite 124 beschriebene Bandlackierung (**Coil-Coating**).

- **Vorteile vom Walzen**
  Die schnelle großtechnische Lackierung von flachen Gegenständen ist innerhalb relativ weiter Schichtdickenbandbreiten möglich. Die Lackschichten sind gleichmäßig und können durch Präge- und Druckverfahren vielfältig beeinflusst werden. Der Materialverlust ist sehr gering.

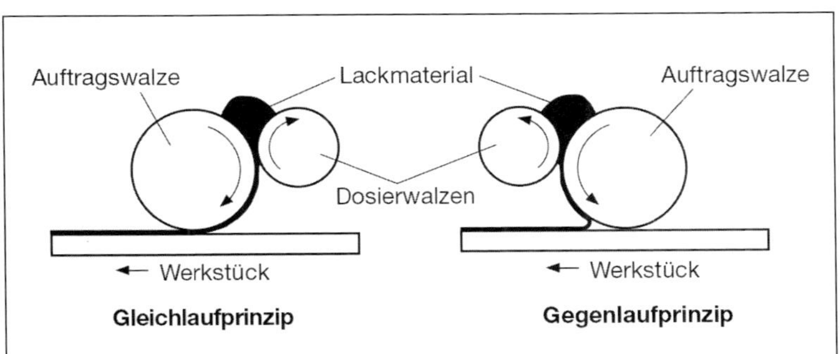

Abbildung 54: Applikation im Walzverfahren

- **Nachteile vom Walzen**
  Nur für flache Gegenstände anwendbar. Relativ hohe Investitionskosten, je nach Verfahrensvariante.

Gießen

Die Gießverfahren stellen eine glückliche Ergänzung der Walzverfahren dar, denn sie ermöglichen die kontinuierliche Lackierung von zwar flach geformten Gegenständen, welche jedoch nicht unbedingt völlig plan sein müssen.

Wie bereits erwähnt, sind in vielen Fällen auch Kombinationen von Walz- und Gießverfahren in Gebrauch (z.B. in der Möbelbranche), vor allem, wenn verschiedene Materialien mit sehr unterschiedlichen Schichtdicken nacheinander aufzutragen sind. Die optimalen Schichtdicken beim Gießen liegen zwischen ca. 50 und 400 μm, also deutlich höher als beim Walzen. Die Abbildung 55 zeigt die prinzipielle Arbeitsweise einer Lackgießmaschine.

Die zu lackierenden Teile werden mittels Transportband durch einen **Lackvorhang** geführt, welcher aus einem entsprechend breiten **Gießkopf** herunterfließt. Der Lackvorhang muss geschlossen und sehr gleichmäßig

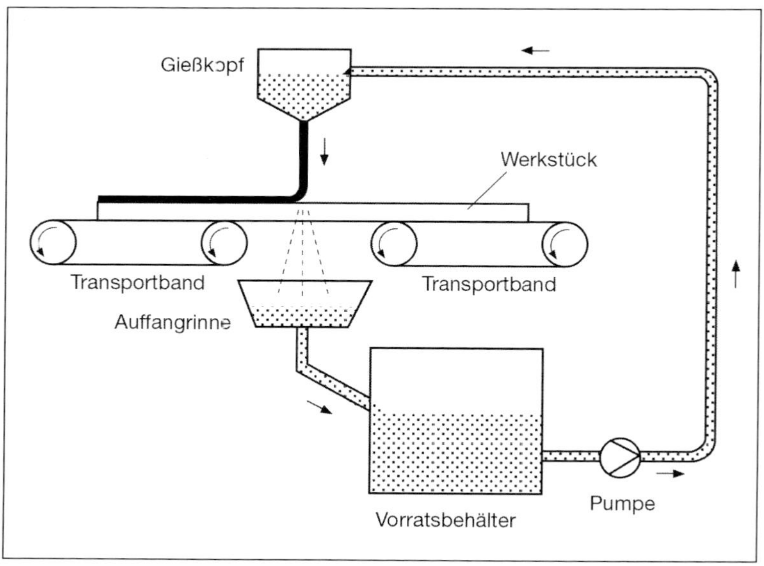

Abbildung 55: Applikation im Gießverfahren

sein, was bei Applikationsschichten unter 50 µm zunehmend schwerer zu realisieren ist. Die applizierten Lackschichtdicken auf dem Werkstück sind sowohl von der Spaltbreite des Gießkopfes als auch von der Bandgeschwindigkeit und der Materialviskosität abhängig. Die Benetzungs- und Viskositätsverhältnisse müssen so eingestellt sein, dass der überhängende Lackvorhang an den Rändern des Werkstücks sauber abreißt, ohne an den Seiten herunterzufließen.

Der vorbeifließende Beschichtungsstoff wird in einer Auffangrinne gesammelt und zum Vorratstank zurückgeführt. Dadurch läuft das Verfahren praktisch ohne Materialverlust.

- **Vorteile vom Gießen**
  Sie sind im Wesentlichen vergleichbar mit denen des Walzens, mit der Ergänzung, dass das Gießen auch für nicht völlig plane Gegenstände geeignet ist und darüber hinaus die Applikation höherer Schichtdicken ermöglicht.
- **Nachteile vom Gießen**
  Für niedrige Applikationsschichtdicken nicht geeignet.

Elektrostatische Applikationsverfahren

Das elektrostatische Applikationsprinzip wurde bereits im Zusammenhang mit der Pulverlackierung (s. S. 141) und den elektrostatisch unterstützten Spritzverfahren (s. S. 168) angesprochen. Es soll an dieser Stelle etwas ausführlicher erläutert werden.

- ***Betriebsweise***

Grundsätzlich wird dabei zwischen dem Applikationsgerät und dem zu lackierenden Gegenstand ein **elektrisches Hochspannungsfeld** erzeugt, mit Spannungen zwischen 80 und 160 kV, je nach Verfahren. Das zu lackierende Objekt wird geerdet und als positiver elektrischer Pol geschaltet, während der Sprühkopf den negativen Pol darstellt. Das Lackmaterial muss eine bestimmte elektrische Leitfähigkeit aufweisen, damit die Lacktröpfchen (wie gleich im Detail beschrieben) genügend Ladungen vom Sprühkopf übernehmen können, es darf andererseits aber, um einen Kurzschluss (Durchschlag) zu vermeiden, auch nicht zu leitfähig sein.

Bei der Zerstäubung wird die Erkenntnis ausgenützt, dass im elektrischen Feld die Feldlinien an Spitzen und scharfen Kanten zusammenlaufen und dort einen deutlichen Anstieg der Feldstärke verursachen. Unter diesen Bedingungen wird die Luft leitfähig und die scharfe Kante fängt an, negative Ladungen zu versprühen, welche den Lacktröpfchen aufgezwungen werden. Die so aufgeladenen Lacktröpfchen werden vom geerdeten Objekt, aufgrund des Potenzialgefälles, sehr stark angezogen. Unter Einfluss dieser Anziehungskraft wandern die Lacktröpfchen entlang der Feldlinien zum Objekt und schlagen sich auf seiner Oberfläche als Film nieder.

- ***Umgriff und Faraday-Käfig***

Eine Besonderheit bei der elektrostatischen Applikation stellt der so genannte **Umgriff** dar. Darunter ist folgendes zu verstehen. Ein Teil der Feldlinien verläuft so, dass auch die Rückseite des Objektes von Lacktröpfchen erreicht (sozusagen „umgriffen") und somit beschichtet wird. Problematisch ist übrigens bei der elektrostatischen Applikation das Beschichten von Hohlräumen, da es sich hier um feldlinienfreie Bereiche handelt (Faradaysche Käfige), die von den ladungstragenden Lacktröpfchen nicht erreicht werden können; Abhilfe wäre dann mit Druckluftunterstützung zu schaffen. Solche Zusammenhänge illustriert die Abbildung 56.

Bei den **rein** elektrostatischen Applikationsverfahren erfolgt die Zerstäubung ohne Hilfe von Druckluft bzw. Hochdruck des Lackmaterials. Die Zerteilung der Tröpfchen findet hier in erster Linie unter Einwirkung der Feldkräfte statt, eventuell mit zusätzlicher mechanischer Unterstützung, z.B. der Fliehkraft. Geläufige Sprühaggregate dieser Gattung sind der Sprühspalt, die langsam laufende Sprühglocke und die langsam laufende Sprühscheibe.

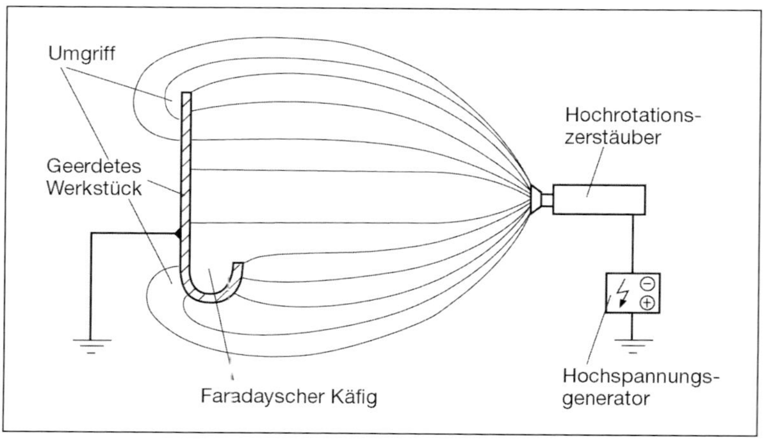

Abbildung 56: Grundprinzip der elektrostatischen Applikation

- ***Rotationszerstäubung***

Eine besondere Bedeutung in der modernen Beschichtungstechnik haben die **Hochrotationszerstäuber** erlangt. Ihre Arbeitsweise wird in Abbildung 57 am Beispiel einer Hochrotationsglocke erläutert.

Je nach Lackmaterial dreht sich der glockenförmige Zerstäuber mit 15.000 bis 60.000 Umdrehungen pro Minute. Hierbei verursachen die hohen Fliehkräfte am Glockenrand eine sehr effiziente Zerstäubung. Der Lack wird zuerst in die Innenseite der Glocke geführt und von dort, gleichfalls unter Einwirkung der Fliehkraft, nach außen zur Absprühkante transportiert, wo auch die elektrostatische Aufladung erfolgt. Um die Glocke ist ein Lenkluftring angebracht, der die radial abgeschleuderten feinen Lacktröpfchen zum Objekt hin umlenkt. Sie werden anschließend von den Feldlinien erfasst und zielsicher zum Werkstück geführt.

Über die wichtige Anwendung der Elektrostatik in der Pulverlackapplikation wurde bereits auf Seite 141 gesprochen.

- **Vorteile der elektrostatischen Applikation**
  Sehr geringer Materialverlust durch Overspray. Je nach Variante, z.B. Hochrotationsglocke, können Beschichtungsergebnisse mit höchster Oberflächengüte erzielt werden (Autoserie). Beidseitiges Lackieren von Objekten durch Umgriff möglich. Die meisten Anlagen arbeiten vollautomatisch.
- **Nachteile der elektrostatischen Applikation**
  Die Bildung von Faradayschen Käfigen macht umständliches Nachlackieren notwendig. Aufgrund der sehr hohen Spannungen müssen besondere Sicherheitsmaßnahmen eingehalten werden. Hohe Investitionskosten.

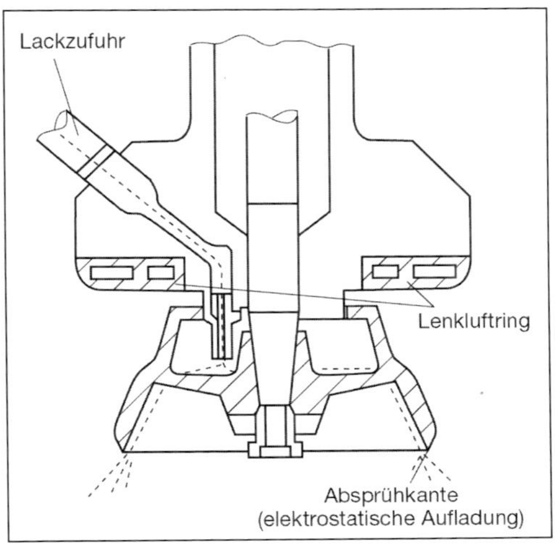

Abbildung 57: Hochrotationsglocke

7.3 Trocknung und Härtung von Beschichtungsstoffen

7.3.1 Allgemeines

Zur Beschleunigung der physikalischen Trocknung (**forcierte Trocknung**) bzw. zur Durchführung der **Einbrennvernetzung** müssen den lackierten Werkstücken bestimmte Wärmemengen zugeführt werden.

Die dazu erforderliche Wärmeübertragung kann nach zwei wesentlichen Grundprinzipien erfolgen: **Wärmekonvektion** und **Wärmestrahlung**.

Bei der Wärmekonvektion transportiert ein Mittlerstoff die Wärme von der Heizquelle zum Objekt. Hierbei nimmt der kalte Mittlerstoff von der Heizquelle Wärme auf, wandert zum kalten Objekt und gibt ihm einen Teil seiner Wärme ab. In der Lacktechnologie dient hierbei ausschließlich Luft als Transportmittel.

Bei der Wärmestrahlung findet die Wärmeübertragung ohne Mittlerstoff statt, denn die Wärme wird im Werkstück selbst erzeugt. Die elektromagnetische Strahlung „wandert" von der Strahlungsquelle zum Objekt, wird von diesem absorbiert und in Wärmeenergie umgewandelt. Die beschriebenen Wärmeübertragungsvorgänge finden bei der Lackhärtung in **Einbrennöfen** statt. Diese können in Konvektions- und Infrarot-Öfen unterteilt werden.

7.3.2 Konvektionsöfen

Im Labor- und Technikumsbereich werden überwiegend **Umlufttrockenschränke** bzw. **Kammeröfen** verwendet. Hierbei erzwingen Ventilatoren einen Luftkreislauf, der die Luft von der Heizquelle zum lackierten Objekt führt, wo der Wärmetausch stattfindet. Die dabei ausgetauschte Wärmemenge ist der Objektoberfläche und der Temperaturdifferenz zwischen Luft und Werkstück proportional.

Nach dem erfolgten Wärmetausch wird ein Teil der Luft, nach Ergänzung mit einer entsprechenden Frischluftmenge, wieder zur Heizquelle geführt. Der Rest geht als Abluft, mit einem Teil der verdunsteten Lösemittel, zur Nachverbrennung. Diese Praxis ist erforderlich, um zu verhindern, dass sich im Ofen gefährliche Lösemittelkonzentrationen ansammeln.

Im industriellen Bereich werden Mehrzonenöfen (**Durchlauföfen**) verwendet, die mitunter Längen bis 30 m und mehr erreichen können. Um die

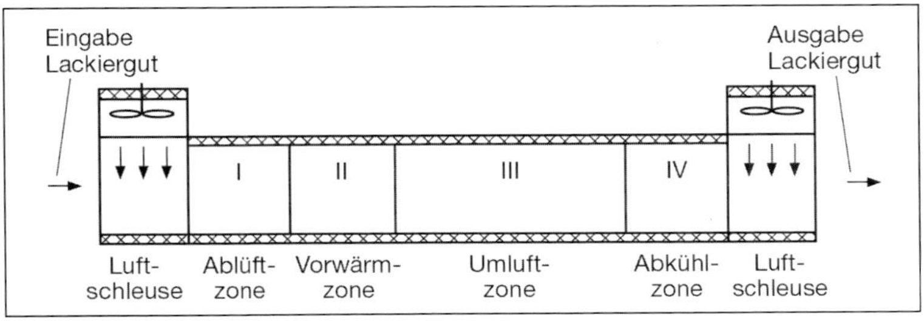

Abbildung 58: Schematische Darstellung eines Umluftofens

Wärmeverluste möglichst gering zu halten, verfügen diese, wie Abbildung 58 zeigt, meistens über Luftschleusen.

Die Luftführung erfolgt in der Regel vertikal, um eine möglichst gleichmäßige Temperaturverteilung zu erzielen. In den ersten zwei Zonen, Ablüft- und Vorwärmzone, findet die eigentliche Lösemittelabgabe statt. Die Luft aus diesen Bereichen wird deshalb direkt der Nachverbrennung zugeführt. In der mittleren Ofenzone findet der eigentliche Einbrennvorgang statt. Anschließend wird das Werkstück im hinteren Ofenteil langsam abgekühlt.

- **Vorteile der Konvektionsöfen**
  Die Bauweise ist relativ einfach und die Investitionskosten sind vergleichsweise gering. Die Nachverbrennungswärme kann zum Vorwärmen der Luft genutzt werden.
- **Nachteile der Konvektionsöfen**
  Die Wärmeabgabe an den trocknenden Beschichtungsstoff erfolgt von außen nach innen, das heißt, die oberen Lackschichten erwärmen sich am schnellsten. Das birgt die Gefahr, dass Lösemittel aus den unteren Lackschichten nicht ausreichend schnell das System verlassen können und somit Kocher und Blasen verursachen.

7.3.3 Infrarot-Öfen

Bei dieser Variante der Lackhärtung erfolgt der Wärmetausch nach dem Mechanismus der Wärmestrahlung. Hierzu dient eine elektromagnetische Strahlung im Wellenlängenbereich zwischen 800 und 1000 nm (**IR-Strahlung**), welche von stark erhitzten Körpern emittiert wird. Man verwendet dafür überwiegend so genannte Dunkelstrahler, die auf Temperaturen von 400 bis 500 °C erwärmt werden.

Wenn die Infrarot-Strahlen auf die Lackoberfläche treffen, werden sie von ihr nur in geringem Maße reflektiert. Die Hauptanteile werden entweder direkt vom Beschichtungsstoff absorbiert und in Wärme umgewandelt oder sie wandern durch die Lackschicht und werden vom Untergrund absorbiert. Hierbei findet eine Erwärmung der Lackschicht von unten nach oben statt, was den geregelten Austritt der Lösemittel beim noch offenen Lackfilm erheblich begünstigt. Selbstverständlich muss auch im Ablüftbereich der IR-Öfen für eine wirksame Absaugung der Lösemitteldämpfe gesorgt sein.

Vielfach wird auch die Konvektionstrocknung mit der IR-Technologie kombiniert. In den **Kombinationsöfen** werden die IR-Strahler meistens in der Aufheizzone eingesetzt, in der die Lösemittelabgabe am stärksten ist. Damit besteht dort auch das größte Risiko von Kocher- und Blasenbildung, der sich mit dem IR-Strahlungseinsatz dann wirkungsvoll begegnen lässt. Eine interessante Zusatzanwendung der IR-Technologie stellen bewegliche Handstrahler dar, welche in zunehmenden Maße zur beschleunigten Trocknung von Autoreparatur-Systemen bei ca. 80 °C eingesetzt werden.

- **Vorteile der IR-Öfen**
  Durch die Erwärmung vom Untergrund her bleibt der Lackfilm an der Oberfläche lange offen, so dass auch Lösemittel aus unteren Lackschichten ungestört das System verlassen können. Dadurch besteht keine Gefahr von Kocher- und Blasenbildung. Außerdem verläuft der Härtungsvorgang schneller und gleichmäßiger.
- **Nachteile der IR-Öfen**
  Die Investitions- und Energiekosten sind höher als bei Konvektionsöfen.

7.3.4 Chemische Strahlenhärtung

Über zwei wichtige Polymerisationsverfahren, welche auf die energiereiche **UV-** bzw. **Elektronenstrahlung** zurückgreifen, wurde bereits im Zusammenhang mit strahlenhärtbaren Lacken berichtet (s. S. 142).

Dabei beruht die Härtung nicht auf einer Wärmeübertragung, sondern auf der Fähigkeit der UV- und Elektronenstrahlung, polymerisationsfähige Doppelbindungen in Radikale aufzuspalten. Insofern unterscheidet sich diese Härtungsmethode deutlich von den vorher besprochenen, rein thermischen Verfahren.

8 Wie werden Lacke geprüft?

8.1 Allgemeines

Zur Erfassung der Qualitätsmerkmale von Beschichtungsstoffen stehen unzählige Prüfmethoden zur Verfügung, auf die in diesem Kapitel aus Platzgründen nur unzureichend eingegangen werden kann. Im Folgenden werden nur die wichtigsten unter ihnen angesprochen und kurz beschrieben. Um dem interessierten Leser eine gezielte Vertiefung zu ermöglichen, wird gegebenenfalls auf entsprechende Normen hingewiesen.

Im Rahmen der modernen Qualitätsmanagement-Systeme (**TQM** = **T**otal **Q**uality **M**anagement), welche immer mehr zur Grundlage der Qualitätssicherung im Industrie- und Dienstleistungsbereich werden und längst ihren Einzug in den Lacksektor gehalten haben, erhielt das Prüfen einen anderen Stellenwert als in früheren Zeiten. Die TQM-Philosophie basiert auf der Erkenntnis, dass eine zuverlässige und bezahlbare Qualität nur durch ständige Prozessverbesserung gewährleistet werden kann, die bereits im Vorfeld auf die Vermeidung von Fehlern und Reibungsverlusten hinzielt. Mit anderen Worten, Qualität kann nicht in einen mangelhaften Prozess „hineingeprüft" werden.

Die ständige Prozessverbesserung hat wiederum das Ziel, den Prüfumfang auf ein Minimum zu reduzieren, und damit Kosten zu sparen, ohne dabei das Qualitätsrisiko zu erhöhen. Um so höher sind deshalb die Anforderungen, die an Zuverlässigkeit und Aussagefähigkeit der Prüfmethoden gestellt werden.

Die Sicherung der Qualität von Beschichtungsstoffen hängt selbstverständlich in hohem Maße von der Qualität der eingesetzten Lackrohstoffe und Halbfabrikate ab. Es erscheint deshalb sinnvoll, beim Besprechen der Prüfmethoden für Lacke auch einen Blick auf die Prüfung der Lackrohstoffe zu werfen. Die Reihenfolge der Prüfungen ist so gewählt, dass ihre Häufigkeit bzw. Bedeutung in etwa berücksichtigt wird.

Paolo Nanetti: Lack für Einsteiger

ISBN: 978-3-86630-881-7

8.2 Lackrohstoffprüfung

8.2.1 Bindemittel und Additive

Viskosität

Die Messung der Viskosität gibt unmittelbar Aufschluss über die Verarbeitungseigenschaften eines Lackmaterials und hat deshalb einen hohen Stellenwert, sowohl bei der Rohstoffeingangsprüfung als auch bei der Freigabe von Halbfabrikaten und Fertigprodukten. Über die verschiedenen Viskositätserscheinungen, die für den Lacksektor interessant sind, wurde bereits im Kapitel über die Rheologie (s. S. 68) berichtet.

Die am häufigsten eingesetzten Geräte zur Viskositätsmessung sind der **Auslaufbecher** und das **Rotationsviskosimeter**, deren Arbeitsweise in der Abbildung 59 illustriert ist.

Beim Auslaufbecher wird die Zeit gemessen, die eine Flüssigkeit benötigt, um aus einem genormten Gefäß durch eine Düse mit einer bestimmten Öffnung auszulaufen. Am häufigsten wird nach der DIN EN ISO 2431 gemessen, die eine 4 mm-Düse vorsieht. Neben diesem DIN-Becher kommen auch andere, ähnlich gestaltete, beispielsweise der ISO- bzw. Ford-Becher zur Anwendung. Auch andere Düsenweiten sind möglich.

Die Messung der Ablaufzeit mit dem Auslaufbecher ist besonders einfach und deshalb sehr verbreitet. Sie liefert jedoch nur zuverlässige Werte bei Lackrohstoffen, Halbfabrikaten und Fertigprodukten, die keine ausgeprägte Thixotropie oder Strukturviskosität zeigen.

Mit dem Rotationsviskosimeter dagegen können auch Flüssigkeiten mit anomalem Fließverhalten gemessen werden. Die Messung erfolgt in einem feststehenden zylindrischen

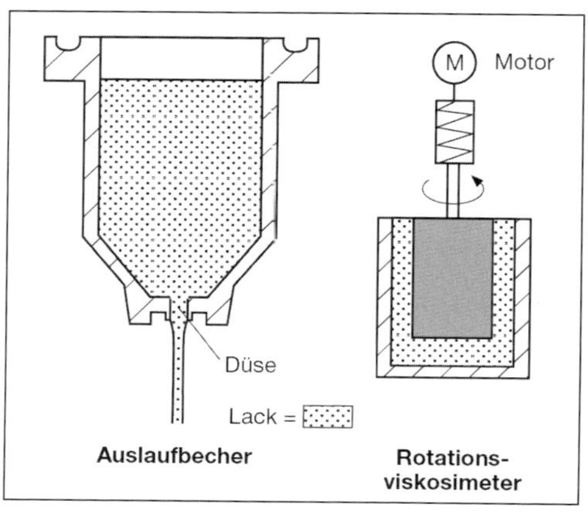

Abbildung 59: Bestimmungsgeräte für die Lackviskosität

Gefäß, in dem konzentrisch ein zweiter, drehbarer Zylinder enthalten ist. Wenn sich zwischen den beiden Zylindern eine Flüssigkeit befindet, leistet diese einen bestimmten Widerstand gegen die Drehbewegung des inneren. Es wird praktisch die Kraft gemessen, die angewandt werden muss, um bei einer bestimmten Drehgeschwindigkeit diesen Widerstand zu überwinden.

In früheren Zeiten übliche Messgeräte, wie das Höppler- und das Kapillarviskosimeter, haben inzwischen erheblich an Bedeutung verloren.

Bei allen Viskositätsmessmethoden ist strikt die vorgegebene Messtemperatur einzuhalten. Dies wird meistens mit regelbaren Thermostaten sichergestellt.

Festkörper

Die Festkörperbestimmung (offiziell: Bestimmung des nichtflüchtigen Anteils) gibt Informationen darüber, wieviel festes Material im Film nach dem Verdunsten der Lösemittel zurückbleibt. Die Bestimmung wird in Trockenschränken bei verschiedenen Temperaturen durchgeführt. Vom Festkörper hängen das Füllvermögen und die Ergiebigkeit des Beschichtungsstoffes entscheidend ab. Die Durchführung der Bestimmung ist in der DIN 53 219 beschrieben.

Dichte

Die Dichte besagt, wieviel ein festgelegtes Volumen eines Stoffes wiegt; sie ist mathematisch als Quotient aus der Masse und dem Volumen eines Körpers definiert. Die Bestimmung der Dichte ist grundsätzlich temperaturabhängig, da sich Körper in der Regel mit zunehmender Temperatur ausdehnen. Bei festgelegter Temperatur ist die Dichte für einen bestimmten Stoff immer konstant und kann somit zur Identifizierung bzw. Beurteilung der Reinheit in der Rohstoffprüfung herangezogen werden.

Die Bestimmung der Dichte hat auch für die moderne Lackfertigung erheblich an Bedeutung gewonnen, da beim automatischen Dosieren von Lösungen und Halbfabrikaten – über geschlossene Rohrleitungen – die einzusetzenden Mengen oft aus der Dichte berechnet werden.

Die Dichtebestimmung von niedrigviskosen Flüssigkeiten, inklusive Lösemitteln, kann auf schnelle Weise mit Hilfe geeichter Senkspindeln (**Aräometer**) erfolgen. Sie arbeiten nach dem Auftriebsprinzip, das heißt mit abnehmender Dichte sinken die Spindeln tiefer in die Flüssigkeit und bei einer Dichtezunahme schwimmen sie stärker aus dieser heraus. Auf einer Skala am Spindelkörper kann der Wert der Dichte direkt abgelesen werden.

Ebenfalls nach dem Auftriebsprinzip arbeitet die **Dichtekugel**. Es handelt sich um eine Metallkugel mit einem definierten Volumen, die in einen mit der zu prüfenden Flüssigkeit gefüllten Behälter eingetaucht wird, welcher auf einer Waage steht. Aus der scheinbaren Gewichtszunahme kann die Dichte der Flüssigkeit berechnet werden. Diese Methode ist dank ihrer Schnelligkeit und der einfachen Reinigung vor allem beim Messen pigmentierter Halbfabrikate und Fertigprodukte sehr beliebt, wird aber auch zunehmend bei flüssigen Rohstoffen eingesetzt.

Eine klassische und universell anwendbare Methode der Dichtebestimmung stellt das **Pyknometer** dar. Hierbei handelt es sich um ein Metall- oder Glasgefäß mit definiertem Volumen. Das mit der Flüssigkeit gefüllte Gefäß wird mit einem Deckel so verschlossen, dass etwas überschüssiges Material aus einem dafür vorgesehenen Loch austritt. So hat man die Gewähr, dass das Innere des Gefäßes vollständig ausgefüllt ist. Nach Abwischen des ausgetretenen Materials wird das Pyknometer gewogen und aus der so ermittelten Flüssigkeitsmasse und dem vorgegebenen Volumen die Dichte berechnet.

Die Hauptmethode ist in der DIN EN ISO 2811.1 beschrieben. Es gibt aber auch abgewandelte Verfahren zur Bestimmung der Dichte fester Stoffe (z.B. Pigmente u. Füllstoffe), unter Anwendung einer Hilfsflüssigkeit.

Brechzahl

Die Brechzahlbestimmung ist eine geeignete Methode zur Identifizierung und zur Reinheitskontrolle flüssiger, transparenter Stoffe, wie Bindemittellösungen, Weichmacher und Lösemittel. Gemessen wird der Grad der Ablenkung (**Brechung**) eines geführten Lichtstrahls beim Durchgang durch die Flüssigkeit. Die Brechzahl ist für einen bestimmten Stoff immer konstant, vorausgesetzt, man legt die Temperatur und die verwendete Lichtart fest. Im Allgemeinen wird die Bestimmung im Abbe-Refraktometer durchgeführt (DIN 51423).

Schmelzpunkt

Der Schmelzpunkt dient überwiegend zur Identifizierung von festen Rohstoffen, vor allem, wenn sie kristallinen Charakter besitzen. Da bei kristallinen Stoffen der Schmelzpunkt eine exakte Temperatur darstellt, erlaubt diese Stoffkonstante in solchen Fällen auch zuverlässige Aussagen über den Reinheitsgrad des geprüften Materials. Die Bestimmung erfolgt in der Regel nach der **Kapillarmethode**.

Hierbei wird etwas pulverisiertes Material in eine Glaskapillare hineingegeben und in einem speziellen, mit Thermometer versehenem Glasgefäß langsam aufgeheizt, bis es schmilzt. Nicht kristalline (amorphe) Stoffe, wie Harze und Wachse, zeigen keine exakte Schmelztemperatur, sondern ein Schmelzintervall, in dem sie zunächst erweichen und dann langsam in den Flüssigkeitszustand übergehen. Dieses Verhalten lässt sich am besten mit Hilfe der **Kofler-Heizbank** beobachten. Das Gerät besteht im Wesentlichen aus einer Metallschiene, die elektrisch beheizt wird und längs der ein stufenloser Temperaturanstieg besteht. Das pulverisierte Material wird entlang der Schiene gestreut, wobei man die Temperaturposition feststellt, an der es erweicht und schmilzt. Die exakten Werte des Temperaturbereichs werden mit Hilfe von Testsubstanzen ermittelt.

Chemische Kennzahlen

Die analytische Bestimmung der chemischen Kennzahlen von Bindemitteln und Additiven dient zur Erfassung bestimmter chemischer Gruppen, die fürs lacktechnische Verhalten dieser Stoffe im hohen Maße verantwortlich sind (z.B. für ihre Vernetzungsfähigkeit).

Das Verständnis für diese analytischen Methoden setzt fundierte chemische Kenntnisse voraus, die hier nicht vermittelt werden können. Außerdem gibt es für jede Kennzahl unterschiedliche Bestimmungsmöglichkeiten, die in verschiedenen Normen festgehalten werden. Aus Übersichtsgründen wird deshalb hier auf nähere Beschreibungen und Angaben von Normen verzichtet. Lediglich erwähnt seien die wichtigsten chemischen Kennzahlen für Lackrohstoffe; es sind die **Säurezahl**, die **Hydroxylzahl**, die **Aminzahl**, die **Verseifungszahl**, die **Isocyanatzahl**, der **Epoxid-Wert**, die **Iodzahl**, der **pH-Wert**, der **MEQ-Wert**, die **komplexometrische Metallbestimmung**.

IR-Spektroskopie

Die IR-Spektroskopie ist eine physikalisch-chemische Untersuchungsmethode, die eine Gesamtaussage über die innere Zusammensetzung von Stoffen ermöglicht (Fingerprint). Für den Lackbereich sind es in erster Linie die Bindemittel und Additive.

Der entsprechend präparierte zu untersuchende Stoff wird in einem IR-Spektrometer dem Einfluss einer langwelligen elektromagnetischen Strahlung, mit Wellenlängen von 0,8 bis 1000 μm, ausgesetzt. Dabei werden die verschiedenen Wellenlängen vom Stoff, je nach Beschaffenheit, unterschiedlich absorbiert. Das Absorptionsverhalten, in Abhängigkeit von der Wellenlänge, wird in einem **IR-Spektrum** aufgezeichnet. Ein

Spektrenvergleich mit Referenzsubstanzen ermöglicht die Identifizierung und Qualitätseinstufung des Proben-Materials.

Während früher die IR-Spektroskopie aufgrund der beachtlichen Gerätekosten überwiegend nur für Sonderanalysen in Betracht kam, findet sie heute mehr und mehr Zugang in die Routineprüfungen, weil sie eine deutliche Reduzierung der personalintensiven Kennzahlenbestimmungen ermöglicht. Außerdem liefert sie interessante Informationen über den gesamten Aufbau des betreffenden Stoffes.

8.2.2 Lösemittel

Dichte und Brechzahl

Diese Methoden wurden bereits im Zusammenhang mit der Bindemittelprüfung besprochen.

Flammpunkt

Die Flammpunktbestimmung ist von besonderer Bedeutung für die Einstufung brennbarer Flüssigkeiten in Gefahrenklassen. Der Flammpunkt ist per Definition die niedrigste Temperatur, bei der sich bei Normdruck aus einer Flüssigkeit Dämpfe in solcher Menge entwickeln, dass sie mit der über dem Flüssigkeitsspiegel stehenden Luft ein entflammbares Gemisch ergeben.

Die Bestimmung erfolgt in der Regel mit dem **Abel-Pensky-Gerät** (DIN ISO 1523). Hierbei wird in einem geschlossenen Tiegel die zu untersuchende Probe indirekt aufgeheizt. In regelmäßigen Zeitabständen wird eine Zündflamme in den Luftraum des Tiegels eingetaucht, bis eine Entflammung des Luft-Lösemitteldampf-Gemisches zu beobachten ist; der zugehörige Temperaturwert liefert dann den Flammpunkt.

Verdunstungszahl

Die Verdunstungszahl gibt an, wievielmal langsamer als Diethylether ein Lösemittel verdunstet. Die Bestimmung erfolgt nach der DIN 53 170.

Gaschromatographie

Die zwar apparativ aufwendigen, aber in ihrer Aussagekraft äußerst zuverlässigen gaschromatographischen Untersuchungsmethoden haben sich längst in der Rohstoffeingangsprüfung etabliert.

Ihre Schwerpunkte liegen in der Überprüfung der Reinheit und der Zusammensetzung von Lösemitteln und Verdünnungen, wobei sie umständliche Methoden, wie Siedepunkt- und Siedeverlaufbestimmungen, zum größten Teil verdrängt haben. Als besonderer Vorteil der Gaschromatographie gelten hierbei die extrem kleinen Probemengen, die für die Untersuchungen benötigt werden (nur wenige Mikroliter).

Die Proben werden in einen beheizten Injektorblock eingespritzt und dort verdampft. Danach erfasst ein Inertgasstrom (in der Regel Helium) die Dämpfe und transportiert sie mit konstanter Geschwindigkeit durch das Innere einer Kapillarsäule. Die Kapillarsäulen bestehen aus Quarzglas und sind, wegen ihrer beträchtlichen Längen von 50 bis 100 m, spiralförmig aufgewickelt. Ihr Inneres ist mit ausgesuchten Substanzen beschichtet, die aufgrund ihrer Polaritätsverhältnisse die verschiedenen Lösemittelkomponenten auf ihrem Weg zum Säulenausgang unterschiedlich stark „bremsen" können (**Retention**).

Wenn nach diesem Prinzip dann die Probenbestandteile zu unterschiedlichen Zeitpunkten die Säule verlassen, werden sie von einem **Detektor** registriert und in Form von mehr oder weniger großen „Peaks" in ein **Gaschromatogramm** (GC) eingetragen. Zur Auswertung werden die GCs mit den Chromatogrammen geeigneter Eichsubstanzen verglichen. Möglich ist hiernach sowohl die Identifizierung als auch die mengenmäßige Erfassung der Probenbestandteile.

Moderne Gaschromatographen sind an Computersysteme angeschlossen, welche die Steuerung zahlreicher Temperaturprogramme und die Auswertung der GCs übernehmen. Durch die Ausstattung der Geräte mit Autosamplern, welche eine Untersuchung der Proben auch über Nacht und an Feiertagen ermöglichen, erreicht man außerdem einen hohen Automatisierungsgrad.

8.2.3 Füllstoffe und Pigmente

Ölzahl

Sie wird in der Regel nach DIN 53 199 ermittelt. Die Bestimmung der Ölzahl ist zwar sehr personenabhängig, und somit nur begrenzt reproduzierbar, dieser Wert liefert jedoch wichtige Hinweise über den relativen **Bindemittelbedarf** von Pigmenten und Füllstoffen, wenn diese in Rezepturen gegeneinander ausgetauscht werden müssen.

Korngrößenverteilung

Die Bestimmung der Korngrößenverteilung ist vor allem für die Qualitätserfassung von Füllstoffen wichtig, da diese in der Regel in verschiedenen Kornklassen geliefert werden. Hierzu stehen verschiedene Trocken- und Nassmethoden zur Ermittlung des Siebrückstandes zur Verfügung. Besonders elegant, aber auch apparativ teuer, ist zum anderen die Bestimmung der Korngrößenverteilungskurve mit dem **Partikelzähler (Coulter-Counter)**. In einem neuartigen Gerät werden die Teilchen in einer flüssigen Phase (Suspension) mit Hilfe von Laser-Strahlen erfasst.

Körnigkeit

Der Begriff Körnigkeit wird in der Lacktechnologie im Zusammenhang mit Dispergierprozessen angewandt und häufig einfach Mahlfeinheit genannt. Die Bestimmung der Körnigkeit wird zur Beurteilung der Dispergiereigenschaften von Pigmenten und Füllstoffen herangezogen, dient aber auch zur allgemeinen Überwachung von Dispergiervorgängen.

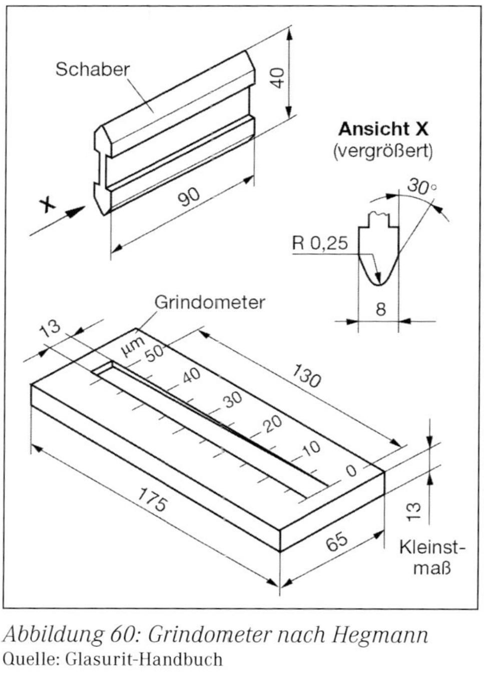

Abbildung 60: Grindometer nach Hegmann
Quelle: Glasurit-Handbuch

Die Durchführung ist in der DIN/ISO 1524 (früher DIN 53 203) beschrieben und setzt die Herstellung eines Mahlgutes mit dem betreffenden Pigment voraus. Als Prüfgerät verwendet man das in Abbildung 60 dargestellte **Grindometer** nach Hegman.

Es besteht aus einem Stahlblock, der mit einer keilförmigen Rinne versehen ist. Die Tiefe der Rinne wird durch eine seitlich angebrachte Skala, meistens in µm, angegeben. Das zu untersuchende Mahlgut muss Streichviskosität haben (gegebenenfalls etwas verdünnen!) und darf nicht zu warm sein. Einige Tropfen der Probe werden an der tiefsten Stelle in die Rinne gegeben und mit dem dazugehörigen Schaber ausgestrichen. Innerhalb von drei Sekunden muss abgelesen werden, an welcher Stelle der Rinne die erste gleichmäßige Stippenanhäufung aus dem nassen Film herausragt. Als Körnigkeit gilt die Keiltiefe an der Ablesestelle.

Farbtonbeurteilung

Die Beurteilung der Farbeigenschaften ist mit das wichtigste Prüfkriterium für Pigmente. Darunter versteht man in erster Linie das **Aufhellvermögen** bei Weißpigmenten und die **Farbstärke** und den **Farbort** bei Buntpigmenten. Eine objektive Erfassung dieser Qualitätsmerkmale ist nur im dispergierten Zustand möglich! Der Aufwand bei der Pigmentdispergierung hängt in hohem Maße von den Farbtontoleranzen ab, die für den jeweiligen Einsatzbereich einzuhalten sind.

Ganz allgemein ist bei der Pigmentprüfung ein Trend zu nicht genormten, anwendungsbezogenen Methoden festzustellen. Im Allgemeinen versucht man, die Dispergierung in Referenzrezepturen durchzuführen, die eine breite Aussagekraft für möglichst viele Anwendungsgebiete besitzen. Um Material und Zeit zu sparen, findet der Dispergiervorgang - in vereinfachter Form und mit kleinen Mahlgutmengen - entweder in Schüttelgeräten oder in Miniperlmühlen statt. Es gibt aber auch Fälle, in denen die Pigmentprüfung in den Originalrezepturen des jeweiligen Anwendungsbereichs und unter vergleichbaren Produktionsbedingungen vorgenommen werden muss. Die so hergestellten Lackproben werden, im Originalzustand oder in Abmischungen, entweder aufgezogen oder aufgespritzt und mit entsprechenden Standards verglichen.

Der Vergleich kann visuell, meistens unter Verwendung verschiedener Lichtquellen, erfolgen. Oft wird die visuelle Beurteilung, zwecks besserer Kommunikation zu Kunden und Lieferanten bzw. zur Vermeidung von individuellen Fehlern, durch farbmetrische Messungen unterstützt. Eine derartige **Farbmessung** im strengen Sinne erfolgt mit Hilfe von Tristimulus-Geräten (Dreifilter-System) oder in Spektralfotometern, die an Computer angeschlossen sind, welche unter anderem auch die Berechnung des Farbabstandes der Probe von einem vorgegebenen Standard übernehmen können.

8.3 Prüfung von Beschichtungsstoffen

Messung der Nassfilmdicke

Die Bestimmung der Schichtdicke eines Films unmittelbar nach seiner Applikation kann mit unterschiedlichen Geräten durchgeführt werden.

Am einfachsten in der Bedienung ist der **Nassfilmdickenmesser** nach **Rossmann**. Das Gerät besteht aus einem Metallkamm, dessen Längskante mit Zähnen unterschiedlicher Länge ausgestattet ist. Der Kamm wird in den nassen Lackfilm gedrückt, und man beobachtet, welcher Zahn vom Lack gerade noch benetzt wird. Die Grenze zwischen benetzten und nicht benetzten Zähnen liefert den Wert der Nassfilmdicke.

Trockenschichtdicke

Die Anwendbarkeit der diversen Methoden zur Messung der Schichtdicke getrockneter bzw. ausgehärteter Filme hängt stark von den Eigenschaften des lackierten Untergrundes ab. Zerstörungsfrei lassen sich auf einfache Weise nur Lackschichten auf metallischen Untergründen messen.

Bei ferromagnetischen Untergründen (d.h. Stählen usw.) kann als Messprinzip die Schwächung der Haftkraft eines Permanentmagneten mit zunehmender Lackschichtdicke (**Mikrotest**) oder die Messung des magnetisch-induktiven Flusses zwischen Permanentmagnet und ferromagnetischem Untergrund als Funktion ihres Abstandes herangezogen werden (**Leptoskop**).

Beide Verfahren sind in der DIN/EN/ISO 2178 (früher DIN 50 981) beschrieben. Bei nicht-ferromagnetischen metallischen Untergründen (Aluminium, Kupfer usw.) erfolgt die Messung ebenfalls zerstörungsfrei nach dem **Wirbelstromprinzip** (siehe DIN/EN/ISO 2360), auf das hier nicht näher eingegangen werden kann.

Bei nichtleitenden Trägermaterialien, wie Kunststoff oder Holz, versagen naturgemäß magnetische bzw. elektrische Methoden. Hier stehen mechanische Verfahren im Vordergrund, die jedoch ein Abtragen des Lackfilmes an der Messstelle voraussetzen. Besonders häufig wird die Messuhr nach Rossmann (**IG-Uhr**) verwendet. Sie verfügt über drei Füße, von denen die zwei äußeren fest am Gehäuse angebracht sind, während der mittlere als beweglicher Taster ausgebildet ist. Damit kann der Höhenunterschied zwischen dem unverletzten Lackfilm und dem freigelegten Untergrund ermittelt werden. Seltener wird die Mikrometerschraube eingesetzt.

Ein modernes optisches Verfahren zur Schichtdickenmessung stellt das **Lichtschnittmikroskop** dar. Zerstörungsfrei erlaubt es nur das Messen der Schichtdicke von Klarlacken. Bei pigmentierten Schichten ist dagegen ein Anritzen der Lackschicht bis zum Untergrund erforderlich; die Schichtdickenmessung läuft dann auf die Bestimmung der Höhendifferenz am Ritz hinaus. In bestimmten Fällen können auch Ultraschallgeräte für die zerstörungsfreie Schichtdickenmessung zur Anwendung kommen.

Härte

Die Härte von Beschichtungen kann nach unterschiedlichen Prinzipien ermittelt werden. Als Ritzhärte wird der Widerstand der Lackierung gegen das Eindringen eines beweglichen scharfen Körpers definiert. Am häufigsten wird sie nach dem **Bleistiftverfahren** bestimmt. Hierbei werden Bleistifte mit genormten Härtegraden in einem definierten Winkel und unter konstantem Druck über den Lackfim gezogen. Es wird der Härtegrad angegeben, mit dem der Film gerade noch geritzt wird.

Als Eindruckhärte wird der Widerstand der Lackierung gegen das Eindringen eines ruhenden Körpers verstanden. Die Bestimmung erfolgt nach DIN EN ISO 2815 mit Hilfe des in Abbildung 61 dargestellten Eindruckhärtemessgerätes nach Buchholz, weshalb man oft auch einfach von **Buchholz-Härte** spricht. Das Gerät verfügt über einen kegelstumpfartigen Eindringkörper, der stoßfrei auf die Lackoberfläche gesetzt wird. Auf diesem Körper wirkt die konstante Gewichtskraft des Gerätes. Nach 30 s Belastungsdauer wird der Körper abgenommen und die Eindrucklänge vermessen.

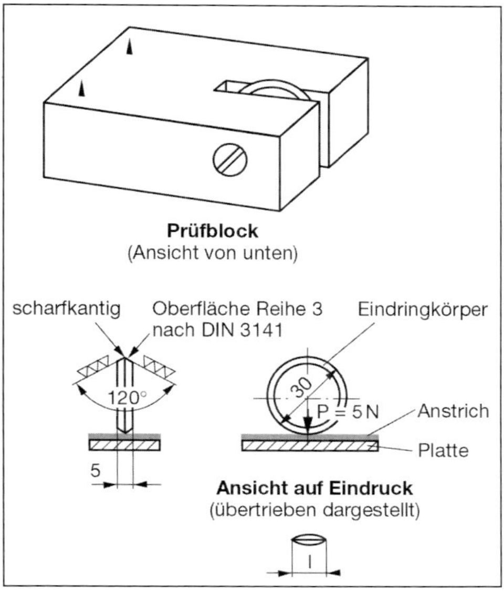

Abbildung 61: Buchholz-Härtemessgerät nach DIN EN ISO 2815

Ein drittes Prinzip zur Härtemessung beruht

auf der Dämpfung der Schwingungen eines Pendels. Hierzu verwendet man nach DIN EN ISO 1522 das **Pendelgerät nach König**. Es verfügt über ein Pendel, dessen Trägerbalken auf zwei glatten Halbkugeln ruht. Das Pendel wird so auf die zu prüfende Probe aufgesetzt, dass nur die Halbkugeln die Lackoberfläche berühren. Mit einer automatischen Vorrichtung wird das Pendel in eine Schwingungsbewegung versetzt. Als Maß für die Dämpfung gilt die Zeit oder die Anzahl der Schwingungen, die das Pendel benötigt, um seinen Auslenkungsgrad von 6° auf 3° zu reduzieren. Je härter der Lack ist, desto länger schwingt das Pendel, das heißt, desto weniger wird seine Bewegung durch die von der Lackschicht ausgehende Dämpfung gebremst.

Dehnbarkeit

Die Prüfung der Dehnbarkeit von Beschichtungen ist wichtig, um Aussagen über ihre Haft- bzw. Rissfestigkeit im Falle einer Verformung des Untergrundes zu erhalten. Die Dehnbarkeit wird sehr häufig nach DIN/EN/ISO 1520 (früher DIN 53 156) als **Tiefung nach Erichsen** ermittelt. Das Grundprinzip der Messung erläutert die Abbildung 62.

Eine gehärtete Stahlkugel definierten Durchmessers wird mittels eines Stößels bei vorgegebener, gleichmäßiger Vorschubgeschwindigkeit in die Rückseite der Probeplatte eingedrückt. Der Vorgang wird abgebrochen, wenn die Oberfläche der Prüfbeschichtung die ersten Risse zeigt. Die Eindrückstrecke gilt dann als Maß für die Dehnbarkeit.

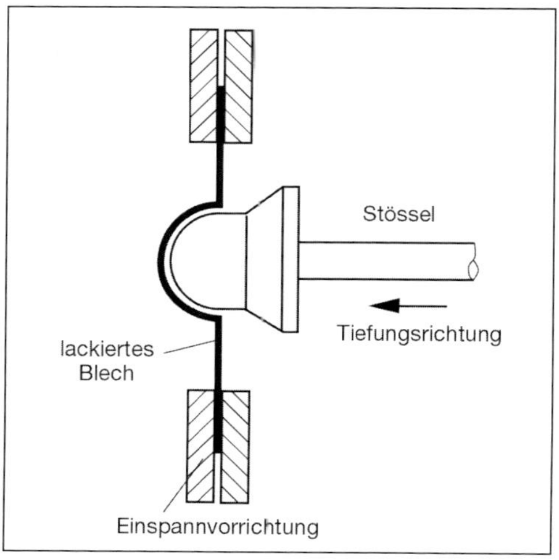

Eine weitere, sehr geläufige Dehnbarkeitsbestimmung ist die **Dornbiegeprüfung**. Es existieren zwei Varianten: Dornbiegeversuch nach DIN EN ISO 1519 und DIN EN ISO 6860.

Nach diesen Normen werden entsprechend dimensionierte Probestreifen in einem Spezialgerät um zylindrische

Abbildung 62: Tiefung nach Erichsen

Dorne gebogen. Hierbei werden Dorne mit immer kleiner werdenden Durchmessern eingesetzt. Das Ende der Prüfung ist bei dem Dorn erreicht, bei dem sich die ersten Risse bzw. Abplatzungen zeigen. Dieser Dorndurchmesser wird als Dehnungs-Kennzahl benutzt. Bei der ASTM-Methode wird mit einem einzigen Dorn gearbeitet, der allerdings konisch ausgebildet ist und somit direkt Aussagen über die Dehnbarkeit bei verschiedenen Biegeradien ermöglicht.

Haftung

Zur Bestimmung der Haftfestigkeit wird überwiegend die **Gitterschnittprüfung** nach DIN/EN/ISO 2409 (früher DIN 53 151) durchgeführt. Hierzu wird in der Regel ein genormtes Mehrschneidengerät eingesetzt, mit dem man jeweils ein Schnittband mit sechs parallelen und gleichabständigen Schnitten erzeugen kann (auch der Einsatz von Einschneidengeräten ist möglich).

Auf dem Lackfilm werden senkrecht zueinander zwei Schnittbänder eingeschnitten, so dass ein Gitterschnitt entsteht. Danach wird das Gitterschnittfeld abgebürstet. In manchen Prüfspezifikationen ist an dieser Stelle zusätzlich ein Klebebandabriss vorgesehen. Dies gibt vor allem Auskunft über die Zwischenhaftung unter den verschiedenen Lackschichten. Die Beurteilung des Gitterschnittfeldes erfolgt anhand der in Abbildung 63 dargestellten Kennwerttabelle.

Von besonderer Bedeutung für die Automobil-Industrie ist die Bestimmung der Lackhaftung unter Steinschlagbeanspruchung. Hierfür stehen verschiedene Einzel- und Mehrschlaggeräte zur Verfügung, in denen scharfkantige Körper mit Federkraft oder Pressluft unter definiertem Winkel auf die Lackoberfläche geschossen werden. Die als Grad der Beschädigung ermittelte Steinschlagfestigkeit ist dabei nicht nur ein Maßstab für die Haftung, sondern auch für die Elastizität und Härte der Beschichtung.

Glanz

Zur Glanzbestimmung werden vorwiegend **Reflektometer** verwendet. Ihr Messprinzip basiert auf der Erfassung des von der Probe reflektierten Anteils eines gerichteten Lichtstrahls mit Hilfe einer Fotozelle. Die Methode ist in der DIN EN ISO 2813 genormt. Der Einfallswinkel des gerichteten Lichtstrahls, gemessen vom Lot, kann vorgegeben werden.

In Abhängigkeit vom jeweiligen Glanzgrad gilt folgende Winkelzuordnung:

- 60° Messwinkel für die erste generelle Einstufung und für mittlere Glanzgrade

Gitter-schnitt-Kenn-wert	**Beschreibung**	**Aussehen der Oberfläche im Bereich des Gitter-schnittes, an der Abplatzen aufgetreten ist (Beispiel für je 6 parallele Schnitte)**
0	Die Schnittränder sind vollkommen glatt; keines der Quadrate des Gitters ist abgeplatzt.	
1	An den Schnittpunkten der Gitterlinien sind kleine Splitter der Beschichtung abgeplatzt. Abgeplatzte Fläche nicht wesentlich größer als 5 % der Gitterschnittfläche.	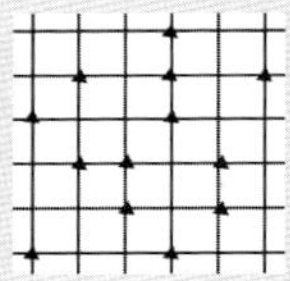
2	Die Beschichtung ist längs der Schnittränder und/oder an den Schnittpunkten der Gitterlinien abgeplatzt. Abgeplatzte Fläche deutlich größer als 5 %, aber nicht wesentlich größer als 15 % der Gitterschnittfläche.	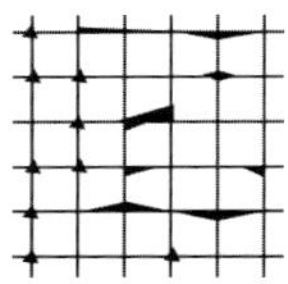
3	Die Beschichtung ist längs der Schnittränder teilweise oder ganz in breiten Streifen abgeplatzt, und/oder einige Quadrate sind ganz oder teilweise abgeplatzt. Eine Gitterschnittfläche, die deutlich größer als 15 %, aber nicht wesentlich größer als 35 % ist, ist betroffen.	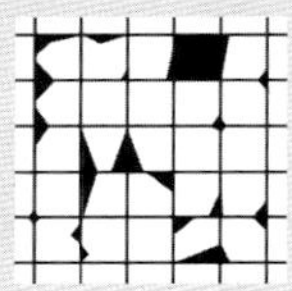
4	Die Beschichtung ist längs der Schnittränder in breiten Streifen abgeplatzt, und/oder einige Quadrate sind ganz oder teilweise abgeplatzt. Eine Gitterschnittfläche, die deutlich größer als 35 %, aber nicht wesentlich größer als 65 % ist, ist betroffen.	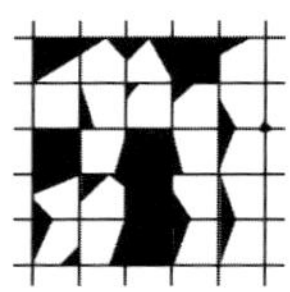
5	Jedes Abplatzen, das nicht mehr als Gitterschnitt-Kennwert 4 eingestuft werden kann.	

Abbildung 63: Einstufung der Gitterschnittergebnisse nach DIN/EN/ISO 2409

- 20° für hochglänzende Lackoberflächen
- 85° für matte Beschichtungen.

Farbeigenschaften

Für die Messung der Farbeigenschaften gelten die bereits im Zusammenhang mit der Pigmentabprüfung beschriebenen Methoden (s. S. 188). Hinzu kommen optische Vergleiche mit verschiedenen Farbvorlagen, die u.a. aus dem genormten **RAL-Farbregister** stammen.

Abriebprüfungen

Sie geben wichtige Hinweise bezüglich der Verschleißfestigkeit von Beschichtungen.

In DIN 53 154 und 53 778 sind verschiedene Trocken- und Nassabriebprüfungen beschrieben, auf die hier jedoch nicht näher eingegangen werden kann.

Beständigkeit gegen klimatische Einwirkungen

- ***Freibewitterung***

Die zuverlässigsten Angaben über die Licht- und Wetterbeständigkeit von Beschichtungsstoffen liefert naturgemäß die **freie Bewitterung**. Weltweit existieren Bewitterungsstationen für See-, Hochgebirgs-, Wüsten- und Industrieklima, in denen lackierte Tafeln mit bestimmten Auslagewinkeln der Bewitterung ausgesetzt werden. In regelmäßigen Zeitabständen erfolgt eine Auswertung der Tafeln, welche dem Kunden in Form eines schriftlichen Berichtes mitgeteilt wird. Die Bewitterungszeiten können, je nach Lackqualität, mehrere Jahre betragen. Eine vor allem für die Autolacke besonders wichtige Variante der natürlichen Belastung durch Licht und Wetter ist die **Florida-Bewitterung**.

Im Florida-Klima vereinigen sich sehr hohe Sonneneinstrahlung mit hoher Dauerluftfeuchtigkeit und beträchtlichen Jahresdurchschnittstemperaturen zu einer besonders aggressiven Kombination, die in der Regel sogar schon nach kürzeren Zeiten erste Veränderungen in den Lackfilmen verursacht.

- ***Schnellbewitterung***

Auch wenn die längerfristige Sicherung der Qualität ohne die zuverlässigen Aussagen der freien Bewitterung nicht möglich ist, können in der laufenden Lackentwicklung und in den täglichen Freigabeprozessen solche langen Prüfzeiten i.a. nicht abgewartet werden. Für schnellere Aussagen sind deshalb zahlreiche Kurzzeittests entwickelt worden, die verschiedene Formen der Bewitterung simulieren.

Mit der **Quarzlampe** wird ausschließlich die Lichtbeständigkeit der Beschichtung getestet. Die Lampe sendet ein Licht aus, dessen Strahlungsverteilung höhere Anteile an UV-Licht aufweist als das Spektrum der natürlichen Sonnenstrahlung. Dadurch werden die Abbauvorgänge im Film beschleunigt.

Die eigentliche Wetterbeständigkeit wird im **Xenon**- bzw. **Weather-O-Meter-Gerät** geprüft. Hier simulieren jeweils eine Xenon- und eine Kohlebogenlampe eine intensive Sonnenstrahlung, die jedoch in ihrer Wirkung zusätzlich durch Feuchtigkeit unterstützt wird. Hierfür werden die angestrahlten Proben in regelmäßigen Intervallen künstlich beregnet.

Wenn man Aussagen über die Beständigkeit eines Filmes in einer sehr feuchten Umgebung braucht, kann man einen **Kondenswasserklimatest** (Feucht-Warm-Test) durchführen. Der Test ist in der DIN 50 016 beschrieben. Je nach Variante können sowohl die Bedingungen eines Konstantklimas als auch die eines Temperatur-Feucht-Wechselklimas eingestellt werden.

- ***Kombinationstests***

Im Kondensatwassertest nach DIN 50 017 unterliegt die Probelackierung der Einwirkung warmer, mit Wasserdampf gesättigter Luft mit oder ohne Zwischenabkühlung. Dies wird im **Kesternich-Test** nach DIN 50 018 durch die Mitverwendung von Schwefeldioxid erheblich verschärft.

Der Kesternich-Test ermöglicht Aussagen über die Beständigkeit von Beschichtungen in Industrieatmosphäre und ist eine der geläufigsten Korrosionsschutzprüfungen. Ebenfalls sehr wichtig für die Beurteilung der Korrosionsbeständigkeit eines Beschichtungsstoffes ist der **Salzsprühtest**, bei dem man, vorwiegend zwecks Simulierung eines Seeklimas, bei 35 °C fein versprühte Natriumchlorid-Lösung auf die Lackierung einwirken lässt.

Von besonderer Bedeutung für die Autolackprüfung ist ein Korrosionstest bei zyklisch wechselnder Belastung (**Wechseltest** nach VDA 621-415), der aus einer Kombination von Salzsprühtest, dem Kondenswassertest und einer Trockenphase besteht.

Die Reaktion von Holzbeschichtungen auf plötzlichen Temperaturwechsel kann im **Cold-Check-Test** untersucht werden. Hier werden die Prüftafeln mehrmals einem Temperaturwechsel von +50 °C und -20 °C ausgesetzt.

Die Beurteilung der Beständigkeit gegen klimatische Komponenten kann durch die Prüfung des Verhaltens einer Lackierung bei Belastung mit verschiedenen Chemikalien ergänzt werden. Hierzu existieren zahlreiche Verfahren, auf die in diesem Buch jedoch nicht mehr eingegangen werden kann.

Paolo Nanetti arbeitete seit 1971 bei Spies & Hecker GmbH, die ab 1975 zu Herberts GmbH und ab 1999 zu DuPont Performance Coatings firmierten. Zunächst entwickelte er Grundmaterialien und Sprühdosenlacken für die Autoreparatur; später war er als Pigmentberater für die Fachlabore tätig und leitete die dortige Pigmentgrundlagenforschung. 1984 übernahm er die Leitung der Analytik, Rohstoffeingangsprüfung und Pastenstandardisierung. Ab 1991 war er hauptamtlich für die naturwissenschaftliche Aus- und Weiterbildung am Standort Köln verantwortlich. Von 2002 bis 2011war er wissenschaftlicher Mitarbeiter an der Hochschule Niederrhein in Krefeld im Fachbereich Lackingenieurwesen. Hier unterstützte er die Professoren Brock, Groteklaes und Mischke bei der Studentenbetreuung und der Durchführung von Projekten. Seit Ende 2011 ist er in Ruhestand. Gleichwohl ist Herr Nanetti in der Acklaborantenausbildung aktiv und führt regelmäßig den Werksunterricht und die Prüfungsvorbereitungen für die Auszubildenden der verschiedenen Lackfirmen im Kammerbezirk Köln durch.

Paolo Nanetti: Lack für Einsteiger

ISBN: 978-3-86630-881-7

Stichwortverzeichnis

Symbole

A

Paolo Nanetti: Lack für Einsteiger

ISBN: 978-3-86630-881-7

C

D

E

F

G

H

I

J

K

L

M

N

O

P

S

T

U

X

Z

Bezugsquellen

Rohstoffe

Farbmittel und Pigmente

Pigmentpräparationen

Abtönpasten

Abtönpasten für Industrielacke

Pigmentdispersionen (pastös)

Pigmentpräparationen, unspezifizierte

www.purpurlab.de

Füllstoffe

Kieselerde

HOFFMANN MINERAL GmbH
Muenchener Str. 75
86633 Neuburg (Donau), Germany
Phone: +49 8431 53-0
www.hoffmann-mineral.com
info@hoffmann-mineral.com